John Bredakis

Big Bang in Math - John Bredakis Method

Highways without speed limit for certain integrals

GRIN Verlag

Bibliografische Information der Deutschen Nationalbibliothek:

Die Deutsche Bibliothek verzeichnet diese Publikation in der Deutschen Nationalbibliografie; detaillierte bibliografische Daten sind im Internet über http://dnb.d-nb.de/ abrufbar.

Impressum:

Druck und Bindung: Books on Demand GmbH, Norderstedt Germany
ISBN: 978-3-656-06059-8

Dieses Buch bei GRIN:

http://www.grin.com/de/e-book/181860/big-bang-in-math-john-bredakis-method

John Bredakis Method

and:

Highways without speed limit for certain integrals

Cookbook formulas for any non negative integer n
For the following integrals

1. $r=(a+i.b)$ $p=(n+x)$ $n=(0,1,2,3,...,n)$ Real x	
$Ip = \int e^{r.t} . t^{p} . dt$	**Special cases**: a#0,b=0 and a=0,b#0

Ip is the generator of all the formulas of my method

and of the basic property of the gamma function $\Gamma(x)$

Big bang in mathematics

2. $In = \int e^{r.x} . x^{n} . dx$	3. $Iln = \int \ln^{n} x . dx$	4. $ILn = \int \left[\ln(\frac{1}{x})\right]^{n} . dx$
5. $Inc = \int e^{a.x} . x^{n} . \cos(b.x) . dx$	6. $Ins = \int e^{a.x} . x^{n} . \sin(b.x) . dx$	
7. $Inhc = \int e^{a.x} . x^{n} . \cosh(b.x) . dx$	8. $Inhs = \int e^{a.x} . x^{n} . \sinh(b.x) . dx$	

Improper forms of the above , for any non negative integer n

9. $Inc = \int x^{n} . \cos(b.x) . dx$	10. $Ins = \int x^{n} . \sin(b.x) . dx$
11. $Inhc = \int x^{n} . \cosh(b.x) . dx$	12. $Inhs = \int x^{n} . \sinh(b.x) . dx$

http//mathhighways.blogspot.com/ John Bredakis

And several other mathematical topics

John Bredakis Method

and:

Highways without speed limit for certain integrals

The method of undetermined coefficients

debunks the myth

created by the classical textbooks

that the integrals are evaluated only by integration

Essay:

Like the introduction of x by the Arabs

leading to algebra

is the method of undetermined coefficients

for some integrals

leading to highways without speed limit

My method is tightly related to the gamma function $\Gamma(x)$

and to the Laplace Transformation

$$\int_0^{+\infty} e^{-s.t}.t^{x-1}.dt = 2.\int_0^{+\infty} e^{-s.t^2}.t^{2x-1}.dt = \int_0^1 t^{s-1}.\left[\ln\left(\frac{1}{t}\right)\right]^{x-1}.dt = \frac{\Gamma(x)}{s^x}$$

$s>0 \quad x\#0,-1,-2,etc \qquad s>0 \quad x>0 \qquad s>0 \quad s\#x \quad x>0$

Valid also for s=1

And: $\quad n=(0,1,2,3,..,n) \quad n!=\Gamma(n+1)$

$$\int_0^{+\infty} e^{-s.t}.t^{n}.dt = 2.\int_0^{+\infty} e^{-s.t^2}.t^{2n+1}.dt = \int_0^1 t^{s-1}.\left[\ln\left(\frac{1}{t}\right)\right]^{n}.dt = \frac{\Gamma(n+1)}{s^{n+1}}$$

$s>0 \qquad s>0 \qquad s>0$

In the last part of this paper (pdf) a detailed analysis of the gamma function $\Gamma(x)$ is provided

- John Bredakis method -

By the method of undetermined coefficients

$r=(a+i.b)$ $\qquad$ $n=(0,1,2,3,..,n)$

$$I_n=\int e^{r.x}.x^{n}.dx = e^{r.x}.s(x) + C \quad \Big| \quad s(x)=A_0.x^{n}+A_1.x^{n-1}+A_2.x^{n-2}+..+A_n$$

By differentiation

$$r.e^{r.x}.s(x) + e^{r.x}.s'(x) = e^{r.x}.x^{n} \quad \text{ie:} \quad r.s(x) + s'(x) = x^{n}$$

$$A_0=r^{-1} \quad A_1=-n.r^{-2} \quad A_2=n.(n-1).r^{-3} \quad A_3=-n.(n-1).(n-2).r^{-4} \quad \text{etc}$$

$n=(0,1,2,3,..,n)$ $\qquad$ $N_1=n \quad N_2=n.(n-1) \quad N_3=n.(n-1).(n-2)$ etc

$$I_n=\int e^{r.x}.x^{n}.dx = e^{r.x}.\left[x^{n}.r^{-1} - N_1.x^{n-1}.r^{-2} + N_2.x^{n-2}.r^{-3} - N_3.x^{n-3}.r^{-4} +..+ (-1)^{n}.n!.r^{-(n+1)}\right] + C$$

After the initial term:
Successive derivatives , in terms of x , with alternating sign
multiplied by $e^{r.x}$

$$I_n = \int e^{r.x}.x^{n}.dx = e^{r.x}.\left[\sum_{k=0}^{n}(-1)^{k}.\frac{n!}{[n-k]!}.x^{n-k}.r^{-(k+1)}\right] + C$$

For r=-1

$n=(0,1,2,3,..,n)$ $\qquad$ $N_1=n \quad N_2=n.(n-1) \quad N_3=n.(n-1).(n-2)$ etc

$$I_n = \int e^{-x}.x^{n}.dx = -e^{-x}.\left[x^{n} + N_1.x^{n-1} + N_2.x^{n-2} + N_3.x^{n-3} +..+ n!\right]+C$$

After the initial term:
Successive derivatives , in terms of x , with positive sign
multiplied by $-e^{-x}$

$$I_n = \int e^{-x}.x^{n}.dx = -e^{-x}.\left[\sum_{k=0}^{n}\frac{n!}{[n-k]!}.x^{n-k}\right] + C$$

Formula verified by the gamma function $\Gamma(x)$

$$Irn = \int e^{r.x}.(r.x)^{n}.d(r.x) = r^{n+1}.\int e^{r.x}.x^{n}.dx = r^{n+1}.In$$

$$Irn = e^{r.x}.\left[\sum_{k=0}^{n} (-1)^{k}.\frac{n!}{[n-k]!}.(r.x)^{n-k}\right] + C$$

$$\boxed{e^{r.x} = y} \Rightarrow \boxed{\ln y=(r.x)} \qquad d\ln y=\frac{1}{y}.dy$$

$$Irn = \int e^{r.x}.(r.x)^{n}.d(r.x) = \int y.\ln^{n} y.d\ln y = \int \ln^{n} y.dy$$

$n=(0,1,2,3,..,n)$ $N1=n$ $N2=n.(n-1)$ $N3=n.(n-1).(n-2)$ etc

$$I\ln = \int \ln^{n} x.dx = x.\left[\ln^{n} x - N1.\ln^{n-1} x + N2.\ln^{n-2} x - N3.\ln^{n-3} x + N4.\ln^{n-4} x - \ldots + (-1)^{n}.n!\right] + C$$

After the initial term:
Something like
successive derivatives in terms of lnx with alternating sign

multiplied by x

$$I\ln = \int \ln^{n} x.dx = x.\left[\sum_{k=0}^{n} (-1)^{k}.\frac{n!}{[n-k]!}.\ln^{n-k} x\right] + C$$

$n=(0,1,2,3,..,n)$ $N1=n$ $N2=n.(n-1)$ $N3=n.(n-1).(n-2)$ etc

$$ILn = \int \Big[\underbrace{\ln(\tfrac{1}{x})}_{L}\Big]^{n}.dx = x.\left[L^{n} + N1.L^{n-1} + N2.L^{n-2} + N3.L^{n-3} + N4.L^{n-4} + \ldots + n!\right] + C$$

$$-\ln x = L = \ln(x^{-1})$$

After the initial term:
Something like successive derivatives , in terms of L=ln(1/x) , with positive sign multiplied by x

---

$$ILn = \int \Big[\underbrace{\ln(\tfrac{1}{x})}_{L}\Big]^{n}.dx = x.\left[\sum_{k=0}^{n} \frac{n!}{[n-k]!}.L^{n-k}\right] + C$$

Formula verified by the gamma function Γ(x)

John Bredakis method - Examples

$$In = \int e^{r.x}.x^{n}.dx = e^{r.x}.\left[\sum_{k=0}^{n}(-1)^{k}.\frac{n!}{[n-k]!}.x^{n-k}.r^{-(k+1)}\right] + C$$

$n=(0,1,2,3,..,n)$

After the initial term:

Succesive derivatives , in terms of x , with alternating sign multiplied by $e^{r.x}$

$$Io = e^{r.x}.\left[x^{o}.r^{-1}\right] + C$$

$$I1 = e^{r.x}.\left[x.r^{-1} - 1.x^{o}.r^{-2}\right] + C$$

$1=1!$

$$I2 = e^{r.x}.\left[x^{2}.r^{-1} - 2.x^{1}.r^{-2} + 2.x^{o}.r^{-3}\right] + C$$

$2=2!$

$$I3 = e^{r.x}.\left[x^{3}.r^{-1} - 3.x^{2}.r^{-2} + 6.x^{1}.r^{-3} - 6.x^{o}.r^{-4}\right] + C$$

$6=3!$

$$I4 = e^{r.x}.\left[x^{4}.r^{-1} - 4.x^{3}.r^{-2} + 12.x^{2}.r^{-3} - 24.x^{1}.r^{-4} + 24.x^{o}.r^{-5}\right] + C$$

$24=4!$

etc

A. $\int e^{x}.x^{1}.dx=e^{x}.[x-1] + C$ $\quad 1=1! \quad r=1$

$\int e^{x}.x^{2}.dx=e^{x}.[x^{2} - 2.x + 2] + C$ $\quad 2=2!$

etc

$$e^{x}.\left[\sum_{k=0}^{n}(-1)^{k}.\frac{n!}{[n-k]!}.x^{n-k}\right] + C$$

General formula

B. $\int e^{-x}.x^{1}.dx = -e^{-x}.[x+1] + C$ $\quad 1=1! \quad r=-1$

$\int e^{-x}.x^{2}.dx = -e^{-x}.[x^{2} + 2.x + 2] + C$ $\quad 2=2!$

$$-e^{-x}.\left[\sum_{k=0}^{n}\frac{n!}{[n-k]!}.x^{n-k}\right] + C$$

etc

After the initial term: successive derivatives with positive sign multiplied by $-e^{-x}$.Verification by the gamma function $\Gamma(x)$

John Bredakis method - Examples

C. $Iln = \int \ln^n x.dx = x.\left[\sum_{k=0}^{n} (-1)^k . \frac{n!}{[n-k]!} . \ln^{n-k} x \right] + C$

n=(0,1,2,3,..,n)

After the initial term:

Something like successive derivatives , in terms of lnx , with alternating sign multiplied by x

---

$\int \ln^1 x.dx = x.[\ln x - 1] + C$ (1=1!)

$\int \ln^2 x.dx = x.[\ln^2 x - 2.\ln x + 2] + C$ (2=2!)

$\int \ln^3 x.dx = x.[\ln^3 x - 3.\ln^2 x + 6.\ln x - 6] + C$ (6=3!)

$\int \ln^4 x.dx = x.[\ln^4 x - 4.\ln^3 x + 12.\ln^2 x - 24.\ln x + 24] + C$ (24=4!)

etc

D. $ILn = \int \left[\ln\left(\frac{1}{x}\right)\right]^n .dx = x.\left[\sum_{k=0}^{n} \frac{n!}{[n-k]!} . \left[\ln\left(\frac{1}{x}\right)\right]^{n-k} \right] + C$

n=(0,1,2,3,..,n)

After the initial term:

Something like successive

derivatives , in terms of $L=\ln\left(\frac{1}{x}\right)$, with positive sign

multiplied by x

$\int L^1 .dx = x.[L + 1] + C$ (1=1!)

$\int L^2 .dx = x.[L^2 + 2.L + 2] + C$ (2=2!)

$\int L^3 .dx = x.[L^3 + 3.L^2 + 6.L + 6] + C$ (6=3!)

$\int L^4 .dx = x.[L^4 + 4.L^3 + 12.L^2 + 24.L + 24] + C$ (24=4!)

etc

Formula verified by the gama function Γ(x)

John Bredakis method ■ $n=(0,1,2,3,...,n)$

$$In = \int e^{r.x}.x^{n}.dx = e^{r.x}.\left[\sum_{k=0}^{n}(-1)^{k}.\frac{n!}{[n-k]!}.x^{n-k}.r^{-(k+1)}\right] + C$$

Special case: $e^{r.x} = e^{a.x}.[\cos(b.x) + \mathbf{i}.\sin(b.x)]$ $r=(a+\mathbf{i}.b)$

$$In = e^{r.x}.\left[\sum_{k=0}^{n}(-1)^{k}.\frac{n!}{[n-k]!}.x^{n-k}.\frac{(a-i.b)^{k+1}.(a^{2}+b^{2})^{-(k+1)}}{[pk+1 - i.qk+1]}\right]+C$$

Transferring the **i** in the nominator: $\frac{1}{a+\mathbf{i}.b} = \frac{a-\mathbf{i}.b}{a^{2}+b^{2}}$

$$\int e^{r.x}.x^{n}.dx = \int e^{a.x}.x^{n}.\cos(b.x).dx + \mathbf{i}.\int e^{a.x}.x^{n}.\sin(b.x).dx$$

----=In----- --------=Inc---------- --------=Ins----------

Inc is the real part of In
Ins is the imaginary part of In , without the i in front

$$In = e^{a.x}.\left[\sum_{k=0}^{n}(-1)^{k}.\frac{n!}{[n-k]!}.x^{n-k}.[\ M\ ].D^{-(k+1)}\right] + C \qquad D=(a^{2}+b^{2})$$

$\mathbf{i}^{2} = -1$

$M = [pk+1 - \mathbf{i}.qk+1].[\cos(b.x) + \mathbf{i}.\sin(b.x)]$

- **Seeking for:** the real (Inc) and imaginary part ($\mathbf{i}$.Ins) -

Ins is the imaginary part without the **i** in front

Even powers of b	Odd powers of b
$p1=a$	$q1=b$
$p2=(a^2 - b^2)$	$q2=2.a.b$
$p3=(a^3 - 3.a.b^2)$	$q3=(3.a^2.b - b^3)$
$p4=(a^4 - 6.a^2.b^2 + b^4)$	$q4=(4.a^3.b - 4.a.b^3)$
$p5=(a^5 - 10.a^3.b^2 + 5.a.b^4)$	$q5=(5.a^4.b - 10.a^2.b^3 + b^5)$
$p6=(a^6 - 15.a^4.b^2 + 15.a^2.b^4 - b^6)$	$q6=(6.a^5.b - 20.a^3.b^3 + 6.a.b^5)$

etc

The first term is positive and the others alternate in sign

- Coefficients easily derived by Pascal's triangle -

Pascal's triangle

```
            1
         1  2  1
       1  3  3  1
     1  4  6  4  1
   1  5  10  10  5  1
  1  6  15  20  15  6  1
1  7  21  35  35  21  7  1
```

etc

The general formula for the coefficients

$$pn = \sum_{\lambda=0}^{n} (-1)^{\lambda/2} . \frac{n!}{\lambda!.[n-\lambda]!} . a^{n-\lambda} . b^{\lambda}$$

λ any even number from zero up to the selected n

$$qn = \sum_{\xi=1}^{n} (-1)^{(\xi-1)/2} . \frac{n!}{\xi!.[n-\xi]!} . a^{n-\xi} . b^{\xi}$$

ξ any odd number from unity up to the selected n

All the general formulas for In

n=(0,1,2,3,..,n)

John Bredakis method

$$In = \int e^{r.x}.x^{n}.dx = e^{r.x}.\left[\sum_{k=0}^{n}(-1)^{k}.\frac{n!}{[n-k]!}.x^{n-k}.r^{-(k+1)}\right] + C$$

Successive derivatives , in terms of x , with alternating sign multiplied by $e^{r.x}$

$$Iln = \int \ln^{n}x.dx = x.\left[\sum_{k=0}^{n}(-1)^{k}.\frac{n!}{[n-k]!}.\ln^{n-k}x\right] + C$$

Something like

successive derivatives , in terms of lnx , with alternating sign multiplied by x

$$Inc = \int e^{a.x}.x^{n}.\cos(b.x).dx \qquad c=\cos(b.x) \quad s=\sin(b.x) \quad D=(a^{2}+b^{2})$$

$$= e^{a.x}.\left[\sum_{k=0}^{n}(-1)^{k}.\frac{n!}{[n-k]!}.x^{n-k}.[pk+1.c + qk+1.s].D^{-(k+1)}\right] + C$$

$$Ins = \int e^{a.x}.x^{n}.\sin(b.x).dx \qquad c=\cos(b.x) \quad s=\sin(b.x) \quad D=(a^{2}+b^{2})$$

$$= e^{a.x}.\left[\sum_{k=0}^{n}(-1)^{k}.\frac{n!}{[n-k]!}.x^{n-k}.[pk+1.s - qk+1.c].D^{-(k+1)}\right] + C$$

Even powers of b

$p1=a$

$p2=(a^{2} - b^{2})$

$p3=(a^{3} - 3.a.b^{2})$

$p4=(a^{4} - 6.a^{2}.b^{2} + b^{4})$

$p5=(a^{5} - 10.a^{3}.b^{2} + 5.a.b^{4})$

$p6=(a^{6} - 15.a^{4}.b^{2} + 15.a^{2}.b^{4} - b^{6})$

Odd powers of b

$q1=b$

$q2=2.a.b$

$q3=(3.a^{2}.b - b^{3})$

$q4=(4.a^{3}.b - 4.a.b^{3})$

$q5=(5.a^{4}.b - 10.a^{2}.b^{3} + b^{5})$

$q6=(6.a^{5}.b - 20.a^{3}.b^{3} + 6.a.b^{5})$

etc

The first term is positive and the others alternate in sign

The general formula for Inhc and Inhs

$n=(0,1,2,3,..,n)$

$$Inhc=\int e^{a.x}.x^{n}.\cosh(b.x).dx \qquad c=\cosh(b.x) \quad s=\sinh(b.x) \quad D=(a^{2}-b^{2})$$

$$=e^{a.x}.\left[\sum_{k=0}^{n}(-1)^{k}.\frac{n!}{[n-k]!}.x^{n-k}.[pk+1.c-qk+1.s].D^{-(k+1)}\right]+C$$

$$Inhs=\int e^{a.x}.x^{n}.\sinh(b.x).dx \qquad c=\cosh(b.x) \quad s=\sinh(b.x) \quad D=(a^{2}-b^{2})$$

$$=e^{a.x}.\left[\sum_{k=0}^{n}(-1)^{k}.\frac{n!}{[n-k]!}.x^{n-k}.[pk+1.s-qk+1.c].D^{-(k+1)}\right]+C$$

Even powers of b	**Odd powers of b**
$p1=a$	$q1=b$
$p2=(a^{2}+b^{2})$	$q2=2.a.b$
$p3=(a^{3}+3.a.b^{2})$	$q3=(3.a^{2}.b+b^{3})$
$p4=(a^{4}+6.a^{2}.b^{2}+b^{4})$	$q4=(4.a^{3}.b+4.a.b^{3})$
$p5=(a^{5}+10.a^{3}.b^{2}+5.a.b^{4})$	$q5=(5.a^{4}.b+10.a^{2}.b^{3}+b^{5})$
$p6=(a^{6}+15.a^{4}.b^{2}+15.a^{2}.b^{4}+b^{6})$	$q6=(6.a^{5}.b+20.a^{3}.b^{3}+6.a.b^{5})$

etc

All terms positive

Derivation of the general formula for Inhc and Inhs

n=(0,1,2,3,..,n)

Top

$$Inhc = \int e^{a.x}.x^{n}.\cosh(b.x).dx$$

Bottom

$$Inhs = \int e^{a.x}.x^{n}.\sinh(b.x).dx$$

$$= e^{a.x}.\left[\sum_{k=0}^{n}(-1)^{k}.\frac{n!}{[n-k]!}.x^{n-k}.\left[\begin{matrix} pk+1.c - qk+1.s \\ pk+1.s - qk+1.c \end{matrix}\right].D^{-(k+1)}\right] + C$$

$c=\cosh(b.x)$

$s=\sinh(b.x)$

$D=(a^{2} - b^{2})$

Even powers of b

$p1=a$

$p2=(a^{2} + b^{2})$

$p3=(a^{3} + 3.a.b^{2})$

$p4=(a^{4} + 6.a^{2}.b^{2} + b^{4})$

$p5=(a^{5} + 10.a^{3}.b^{2} + 5.a.b^{4})$

$p6=(a^{6} + 15.a^{4}.b^{2} + 15.a^{2}.b^{4} + b^{6})$

Odd powers of b

$q1=b$

$q2=2.a.b$

$q3=(3.a^{2}.b + b^{3})$

$q4=(4.a^{3}.b + 4.a.b^{3})$

$q5=(5.a^{4}.b + 10.a^{2}.b^{3} + b^{5})$

$q6=(6.a^{5}.b + 20.a^{3}.b^{3} + 6.a.b^{5})$

etc

All terms positive

$$Inhc = \int e^{a.x}.x^{n}.\cosh(b.x).dx = \int e^{a.x}.\left[\frac{e^{b.x} + e^{-b.x}}{2}\right].x^{n}.dx$$

$r1=(a+b)$

$r2=(a-b)$

$$= \frac{1}{2}.\left[\int e^{(a+b).x}.x^{n}.dx + \int e^{(a-b).x}.x^{n}.dx\right] = \frac{1}{2}.\left[Ir1n + Ir2n\right]$$

$$=e^{a.x}.\left[\sum_{k=0}^{n}(-1)^{k}.\frac{n!}{[n-k]!}.x^{n-k}.\left[\frac{r1^{-(k+1)}.e^{b.x} + r2^{-(k+1)}.e^{-b.x}}{2}\right]\right] + C$$

$$=e^{a.x}.\left[\sum_{k=0}^{n}(-1)^{k}.\frac{n!}{[n-k]!}.x^{n-k}.\left[\frac{r2^{(k+1)}.e^{b.x} + r1^{(k+1)}.e^{-b.x}}{2}\right].D^{-(k+1)}\right] + C$$

$r2=(a-b)$ $r1=(a+b)$ $D=(a^{2} - b^{2})$

$$\mathrm{Inhs} = \int e^{a.x} . x^{n} . \sinh(b.x) . dx = \int e^{a.x} . \left[\frac{e^{b.x} - e^{-b.x}}{2} \right] . x^{n} . dx$$

$$r1=(a+b) \qquad r2=(a-b)$$

$$= \frac{1}{2} . \left[\int e^{(a+b).x} . x^{n} . dx - \int e^{(a-b).x} . x^{n} . dx \right] = \frac{1}{2} . \left[Ir1n - Ir2n \right]$$

$$= e^{a.x} . \left[\sum_{k=0}^{n} (-1)^{k} . \frac{n!}{[n-k]!} . x^{n-k} . \left[\frac{r1^{-(k+1)} . e^{b.x} - r2^{-(k+1)} . e^{-b.x}}{2} \right] \right] + C$$

$$= e^{a.x} . \left[\sum_{k=0}^{n} (-1)^{k} . \frac{n!}{[n-k]!} . x^{n-k} . \left[\frac{r2^{(k+1)} . e^{b.x} - r1^{(k+1)} . e^{-b.x}}{2} \right] . D^{-(k+1)} \right] + C$$

$$r2=(a-b) \qquad r1=(a+b) \qquad D=(a^{2} - b^{2})$$

Example: $\frac{1}{2} . \left[(a-b)^{3} . e^{b.x} - (a+b)^{3} . e^{-b.x} \right] =$

$$= (a^{3} + 3.a.b^{2}) . \left[\frac{e^{b.x} - e^{-b.x}}{2} \right] - (3.a^{2}.b + b^{3}) . \left[\frac{e^{b.x} + e^{-b.x}}{2} \right]$$

$$= p3.\sinh(b.x) - q3.\cosh(b.x)$$

Improper integrals

$n=(0,1,2,3,..,n)$ $\qquad n!=\Gamma(n+1)$

Valid also for s=1

$$\int_0^{+\infty} e^{-s.t}.t^{n}.dt = 2.\int_0^{+\infty} e^{-s.t^2}.t^{2n+1}.dt = \int_0^{1} t^{s-1}.\left[\ln\left(\frac{1}{t}\right)\right]^{n}.dt = \frac{\Gamma(n+1)}{s^{n+1}} \qquad s>0$$

$$\int_0^{+\infty} e^{-s.t}.\cosh(k.t).dt = \frac{s}{s^2-k^2} \qquad s>0$$

$$\int_0^{+\infty} e^{-s.t}.\sinh(k.t).dt = \frac{k}{s^2-k^2} \qquad s>0$$

$$D=(s^2-k^2)>0$$

n=any non negative integer

$$\int_0^{+\infty} e^{-s.t}.t^{n}.\cosh(k.t).dt = n!.p_{n+1}.D^{-(n+1)} \qquad s>0,\ D>0,\ D=(s^2-k^2)$$

$$\int_0^{+\infty} e^{-s.t}.t^{n}.\sinh(k.t).dt = n!.q_{n+1}.D^{-(n+1)} \qquad s>0,\ D>0,\ D=(s^2-k^2)$$

Even powers of k	Odd powers of k
$p1=s$	$q1=k$
$p2=(s^2+k^2)$	$q2=2.s.k$
$p3=(s^3+3.s.k^2)$	$q3=(3.s^2.k+k^3)$
$p4=(s^4+6.s^2.k^2+k^4)$	$q4=(4.s^3.k+4.s.k^3)$
$p5=(s^5+10.s^3.k^2+5.s.k^4)$	$q5=(5.s^4.k+10.s^2.k^3+k^5)$
$p6=(s^6+15.s^4.k^2+15.s^2.k^4+k^6)$	$q6=(6.s^5.k+20.s^3.k^3+6.s.k^5)$

etc

All terms are positive

Improper integrals

$$\int_0^{+\infty} e^{-s.t}.\cos(k.t).dt = \frac{s}{s^2 + k^2} \quad s>0$$

$$\int_0^{+\infty} e^{-s.t}.\sin(k.t).dt = \frac{k}{s^2 + k^2} \quad s>0$$

$$D=(s^2 + k^2)$$

n=any non negative integer

$$\int_0^{+\infty} e^{-s.t}.t^n.\cos(k.t).dt \quad s>0$$

$$= n!.pn+1.D^{-(n+1)} \quad D=(s^2 + k^2)$$

$$\int_0^{+\infty} e^{-s.t}.t^n.\sin(k.t).dt \quad s>0$$

$$= n!.qn+1.D^{-(n+1)} \quad D=(s^2 + k^2)$$

Even powers of k

$p1=s$

$p2=(s^2 - k^2)$

$p3=(s^3 - 3.s.k^2)$

$p4=(s^4 - 6.s^2.k^2 + k^4)$

$p5=(s^5 - 10.s^3.k^2 + 5.s.k^4)$

$p6=(s^6 - 15.s^4.k^2 + 15.s^2.k^4 - k^6)$

Odd powers of k

$q1=k$

$q2=2.s.k$

$q3=(3.s^2.k - k^3)$

$q4=(4.s^3.k - 4.s.k^3)$

$q5=(5.s^4.k - 10.s^2.k^3 + k^5)$

$q6=(6.s^5.k - 20.s^3.k^3 + 6.s.k^5)$

etc

The first term is positive and the others alternate in sign

Specific formulas - John Bredakis method

$Ioc = \int e^{a.x}.\cos(b.x).dx$	$Ios = \int e^{a.x}.\sin(b.x).dx$
$e^{a.x}.D^{-1}.[p1.c + q1.s] + C$	$e^{a.x}.D^{-1}.[p1.s - q1.c]\ ] + C$

$D=(a^2 + b^2)$ $\quad c=\cos(b.x)$ $\quad s=\sin(b.x)$ $\quad x^o=1$

$I1c = \int e^{a.x}.x^1.\cos(b.x).dx$	$I1s = \int e^{a.x}.x^1.\sin(b.x).dx$
$e^{a.x}.\begin{bmatrix} x^1.D^{-1}.[p1.c + q1.s] \\ - 1.x^o.D^{-2}.[p2.c + q2.s] \end{bmatrix} + C$	$e^{a.x}.\begin{bmatrix} x^1.D^{-1}.[p1.s - q1.c] \\ - 1.x^o.D^{-2}.[p2.s - q2.c] \end{bmatrix} + C$

I2c=	I2s=
$e^{a.x}.\begin{bmatrix} x^2.D^{-1}.[p1.c + q1.s] \\ - 2.x^1.D^{-2}.[p2.c + q2.s] \\ + 2.x^o.D^{-3}.[p3.c + q3.s] \end{bmatrix} + C$	$e^{a.x}.\begin{bmatrix} x^2.D^{-1}.[p1.s - q1.c] \\ - 2.x^1.D^{-2}.[p2.s - q2.c] \\ + 2.x^o.D^{-3}.[p3.s - q3.c] \end{bmatrix} + C$

I3c=	I3s=
$e^{a.x}.\begin{bmatrix} x^3.D^{-1}.[p1.c + q1.s] \\ - 3.x^2.D^{-2}.[p2.c + q2.s] \\ + 6.x^1.D^{-3}.[p3.c + q3.s] \\ - 6.x^o.D^{-4}.[p4.c + q4.s] \end{bmatrix} + C$	$e^{a.x}.\begin{bmatrix} x^3.D^{-1}.[p1.s - q1.c] \\ - 3.x^2.D^{-2}.[p2.s - q2.c] \\ + 6.x^1.D^{-3}.[p3.s - q3.c] \\ - 6.x^o.D^{-4}.[p4.s - q4.c] \end{bmatrix} + C$

Even powers of b	**Odd powers of b**
$p1=a$	$q1=b$
$p2=(a^2 - b^2)$	$q2=2.a.b$
$p3=(a^3 - 3.a.b^2)$	$q3=(3.a^2.b - b^3)$
$p4=(a^4 - 6.a^2.b^2 + b^4)$	$q4=(4.a^3.b - 4.a.b^3)$

etc

The first term is positive and the others alternate in sign

$$\mathrm{Iohc} = \int e^{a.x}.\cosh(b.x).dx \qquad \mathrm{Iohs} = \int e^{a.x}.\sinh(b.x).dx$$

$$e^{a.x}.D^{-1}.[p1.c - q1.s] + C \qquad e^{a.x}.D^{-1}.[p1.s - q1.c] + C$$

$$D=(a^{2} - b^{2}) \qquad c=\cosh(b.x) \qquad s=\sinh(b.x) \qquad x^{o} = 1$$

$$\mathrm{I1hc} = \int e^{a.x}.x^{1}.\cosh(b.x).dx \qquad \mathrm{I1hs} = \int e^{a.x}.x^{1}.\sinh(b.x).dx$$

$$e^{a.x}.\begin{bmatrix} x^{1}.D^{-1}.[p1.c - q1.s] \\ - 1.x^{o}.D^{-2}.[p2.c - q2.s] \end{bmatrix} + C \qquad e^{a.x}.\begin{bmatrix} x^{1}.D^{-1}.[p1.s - q1.c] \\ - 1.x^{o}.D^{-2}.[p2.s - q2.c] \end{bmatrix} + C$$

$$\mathrm{I2hc} = \int e^{a.x}.x^{2}.\cosh(b.x).dx \qquad \mathrm{I2hs} = \int e^{a.x}.x^{2}.\sinh(b.x).dx$$

$$e^{a.x}.\begin{bmatrix} x^{2}.D^{-1}.[p1.c - q1.s] \\ - 2.x^{1}.D^{-2}.[p2.c - q2.s] \\ + 2.x^{o}.D^{-3}.[p3.c - q3.s] \end{bmatrix} + C \qquad e^{a.x}.\begin{bmatrix} x^{2}.D^{-1}.[p1.s - q1.c] \\ - 2.x^{1}.D^{-2}.[p2.s - q2.c] \\ + 2.x^{o}.D^{-3}.[p3.s - q3.c] \end{bmatrix} + C$$

$$\mathrm{I3hc}= e^{a.x}.\begin{bmatrix} x^{3}.D^{-1}.[p1.c - q1.s] \\ - 3.x^{2}.D^{-2}.[p2.c - q2.s] \\ + 6.x^{1}.D^{-3}.[p3.c - q3.s] \\ - 6.x^{o}.D^{-4}.[p4.c - q4.s] \end{bmatrix} + C \qquad \mathrm{I3hs}= e^{a.x}.\begin{bmatrix} x^{3}.D^{-1}.[p1.s - q1.c] \\ - 3.x^{2}.D^{-2}.[p2.s - q2.c] \\ + 6.x^{1}.D^{-3}.[p3.s - q3.c] \\ - 6.x^{o}.D^{-4}.[p4.s - q4.c] \end{bmatrix} + C$$

Even powers of b	Odd powers of b
$p1=a$	$q1=b$
$p2=(a^{2} + b^{2})$	$q2=2.a.b$
$p3=(a^{3} + 3.a.b^{2})$	$q3=(3.a^{2}.b + b^{3})$
$p4=(a^{4} + 6.a^{2}.b^{2} + b^{4})$ etc	$q4=(4.a^{3}.b + 4.a.b^{3})$

All terms are positive

General formulas for Inhc and Inhs
(a=0)

$$Inhc = \int t^{n}.\cosh(b.t).dt = \qquad n=(0,1,2,3,\ldots,n)$$

$$= \left[\sum_{\lambda=0}^{n} \frac{n!}{[n-\lambda]!}.t^{n-\lambda}.b^{-(\lambda+1)}.\sinh(b.t) - \sum_{\xi=1}^{n} \frac{n!}{[n-\xi]!}.t^{n-\xi}.b^{-(\xi+1)}.\cosh(b.t) \right] + C$$

λ any even number from zero up to the selected n
ξ any odd number from unity up to the selected n

$$Inhs = \int t^{n}.\sinh(b.t).dt = \qquad n=(0,1,2,3,\ldots,n)$$

$$= \left[\sum_{\lambda=0}^{n} \frac{n!}{[n-\lambda]!}.t^{n-\lambda}.b^{-(\lambda+1)}.\cosh(b.t) - \sum_{\xi=1}^{n} \frac{n!}{[n-\xi]!}.t^{n-\xi}.b^{-(\xi+1)}.\sinh(b.t) \right] + C$$

Examples:

$$I6hc = \int t^{6}.\cosh(b.t).dt =$$

$$\left[\begin{array}{l} + t^{6}.b^{-1}.\sinh(b.t) \\ - 6.t^{5}.b^{-2}.\cosh(b.t) \\ + 30.t^{4}.b^{-3}.\sinh(b.t) \\ - 120.t^{3}.b^{-4}.\cosh(b.t) \\ + 360.t^{2}.b^{-5}.\sinh(b.t) \\ - 720.t^{1}.b^{-6}.\cosh(b.t) \\ + 720.t^{0}.b^{-7}.\sinh(b.t) \end{array} \right] + C$$

$$I6hs = \int t^{6}.\sinh(b.t) =$$

$$\left[\begin{array}{l} + t^{6}.b^{-1}.\cosh(b.t) \\ - 6.t^{5}.b^{-2}.\sinh(b.t) \\ + 30.t^{4}.b^{-3}.\cosh(b.t) \\ - 120.t^{3}.b^{-4}.\sinh(b.t) \\ + 360.t^{2}.b^{-5}.\cosh(b.t) \\ - 720.t^{1}.b^{-6}.\sinh(b.t) \\ + 720.t^{0}.b^{-7}.\cosh(b.t) \end{array} \right] + C$$

.For both (Inhc & Inhs) after the initial term, successive derivatives (in terms of t) with alternating sign.

General formulas for Inc and Ins

(a=0)

$$Inc = \int t^{n}.\cos(b.t).dt = \qquad n=(0,1,2,3,...,n)$$

$$= \left[\sum_{\lambda=0}^{n} (-1)^{(3.\lambda)/2} . \frac{n!}{[n-\lambda]!} . t^{n-\lambda} . b^{-(\lambda+1)} . \sin(b.t) + \sum_{\xi=1}^{n} (-1)^{(3.\xi+1)/2} . \frac{n!}{[n-\xi]!} . t^{n-\xi} . b^{-(\xi+1)} . \cos(b.t) \right] + C$$

λ any even number from zero up to the selected n
ξ any odd number from unity up to the selected n

$$Ins = \int t^{n}.\sin(b.t).dt = \qquad n=(0,1,2,3,...,n)$$

$$= \left[\sum_{\lambda=0}^{n} (-1)^{(3.\lambda+2)/2} . \frac{n!}{[n-\lambda]!} . t^{n-\lambda} . b^{-(\lambda+1)} . \cos(b.t) + \sum_{\xi=1}^{n} (-1)^{(3.\xi+1)/2} . \frac{n!}{[n-\xi]!} . t^{n-\xi} . b^{-(\xi+1)} . \sin(b.t) \right] + C$$

Examples:

$$I6c = \int t^{6}.\cos(b.t).dt =$$

$$\left[\begin{array}{l} + \quad t^{6}.b^{-1}.\sin(b.t) \\ + \quad 6.t^{5}.b^{-2}.\cos(b.t) \\ - \quad 30.t^{4}.b^{-3}.\sin(b.t) \\ - \quad 120.t^{3}.b^{-4}.\cos(b.t) \\ + \quad 360.t^{2}.b^{-5}.\sin(b.t) \\ + \quad 720.t^{1}.b^{-6}.\cos(b.t) \\ - \quad 720.t^{0}.b^{-7}.\sin(b.t) \end{array} \right] + C$$

$$I6s = \int t^{6}.\sin(b.t) =$$

$$\left[\begin{array}{l} - \quad t^{6}.b^{-1}.\cos(b.t) \\ + \quad 6.t^{5}.b^{-2}.\sin(b.t) \\ + \quad 30.t^{4}.b^{-3}.\cos(b.t) \\ - \quad 120.t^{3}.b^{-4}.\sin(b.t) \\ - \quad 360.t^{2}.b^{-5}.\cos(b.t) \\ + \quad 720.t^{1}.b^{-6}.\sin(b.t) \\ + \quad 720.t^{0}.b^{-7}.\cos(b.t) \end{array} \right] + C$$

.The Inc starts with two positive terms,followed by two negative terms and two positive terms etc (space permitted).

.The Ins starts with one negative term,followed by two positive terms and two negative terms etc (space permitted).

- A fascinating look at Higher Mathematics -

The bing bang derivation of innumerous mathematical formulas starting from elementary trigonometry

At the beginning is the Integral Ip

n=any non negative integer ■ real x

$p=(n+x)$

$$I_p = \int e^{r.t}.t^{p}.dt = \left[e^{r.t}.\left[\sum_{k=0}^{m} (-1)^{k}.\frac{p!}{[p-k]!}.t^{p-k}.r^{-(k+1)} \blacksquare \right] + (-1)^{m+1}.r^{-(m+1)}.\frac{p!}{[p-(m+1)]!}.I_{p-(m+1)} \right]$$

Selected $m \leq n$
m is an integer ≥ 0

■ Successive derivatives in terms of t with alternating sign

$$\frac{p!}{[p-k]!} = \underbrace{p.(p-1).(p-2).\,..\,.[p-(k-1)]}_{k \text{ terms}} \qquad k=(1,2,3,..,n,n+1) \quad k>/1$$

$$I_{p-1} = \int e^{r.t}.t^{p-1}.dt$$

Choices of: n , r , x and intervals of integration

n=any non negative integer
n=(0,1,2,3,4,...,m)

Special case: $e^{r.x} = e^{a.x}.[\cos(b.x) + i.\sin(b.x)]$ $\quad r=(a+i.b)$

$$I_p = e^{r.t}.\left[t^{p}.r^{-1} \right] + (-1)^{1}.r^{-1}.p.I_{p-1} \qquad m=0$$

$$= e^{r.t}.\left[t^{p}.r^{-1} - p.t^{p-1}.r^{-2} \right] + (-1)^{2}.r^{-2}.p.(p-1).I_{p-2} \qquad m=1$$

$$= e^{r.t}.\left[t^{p}.r^{-1} - p.t^{p-1}.r^{-2} + p.(p-1).t^{p-2}.r^{-3} \right] + (-1)^{3}.r^{-3}.p.(p-1).(p-2).I_{p-3} \qquad m=2$$

$$= e^{r.t}.\left[t^{p}.r^{-1} - p.t^{p-1}.r^{-2} + p.(p-1).t^{p-2}.r^{-3} - p.(p-1).(p-2).t^{p-3}.r^{-4} \right] + (-1)^{4}.r^{-4}.p.(p-1).(p-2).(p-3).I_{p-4} \qquad m=3$$

etc

Derivation of the formula of Ip

By the method of undetermined coefficients

$$I_p = \int e^{r.t}.t^{p}.dt = \left[e^{r.t}.\left[\sum_{k=0}^{m} (-1)^{k}.\frac{p!}{[p-k]!}.t^{p-k}.r^{-(k+1)}\right] + (-1)^{m+1}.r^{-(m+1)}.\frac{p!}{[p-(m+1)]!}.I_{p-(m+1)} \right]$$

p=(n+x)

Selected m ≤ n

m is an integer ≥ 0

$$I_p = \int e^{r.t}.t^{p}.dt = e^{r.t}.[\,A_o.t^{p}\,] + A_1.\int e^{r.t}.t^{p-1}.dt$$

$$= \int e^{r.t}.t^{p}.dt = e^{r.t}.\left[A_o.t^{p} + A_1.t^{p-1}\right] + A_2.\int e^{r.t}.t^{p-2}.dt$$

$$= \int e^{r.t}.t^{p}.dt = e^{r.t}.\left[A_o.t^{p} + A_1.t^{p-1} + A_2.t^{p-2}\right] + A_3.\int e^{r.t}.t^{p-3}.dt$$

etc

p=(n+x) ■ n=any non negative integer

$$p.(p-1).(p-2).(p-3)..(p-n) = x.(x+1).(x+2).(x+3)..(x+n)$$

r=-1

$\Gamma(n+x+1)=\left[\prod_{k=0}^{n}(x+k)\right].\Gamma(x)$	$\int_0^{+oo} e^{-t}.t^{n+x}.dt=\left[\prod_{k=0}^{n}(x+k)\right].\int_0^{+oo} e^{-t}.t^{x-1}.dt$
Π stands for products	**Basic property of the gamma function**

n=0 $\Gamma(x+1) = x.\Gamma(x)$

n=1 $\Gamma(x+2) = x.(x+1).\Gamma(x)$

n=2 $\Gamma(x+3) = x.(x+1).(x+2).\Gamma(x)$

n=3 $\Gamma(x+4) = x.(x+1).(x+2).(x+3).\Gamma(x)$

n=4 $\Gamma(x+5) = x.(x+1).(x+2).(x+3).(x+4).\Gamma(x)$

etc for n≥5

$$\Gamma(x) = \int_0^{+oo} e^{-t}.t^{x-1}.dt = \lim_{n\to+oo} \frac{n!.n^{x}}{x.(x+1).(x+2).\,..\,.(x+n)}$$

x#0
x#-1
x#-2
etc

The great God always applies the rules of geometry

- ΑΕΙ Ο ΘΕΟΣ Ο ΜΕΓΑΣ ΓΕΩΜΕΤΡΕΙ -

3 , 1 4 1 5 9

The number π by Archimedes

I would add the rules of geometry and trigonometry,

which converts geometry into algebra

$r=(a+i.b)$

The integral $In = \int e^{r.x}.x^{n}.dx$ solved by trigonometric substitution

n = any non negative integer n $e^{r.x} = e^{t}$

$$Iln = \int \ln^{n} x.dx = x.\left[\sum_{k=0}^{n} (-1)^{k}.\frac{n!}{[n-k]!}.\ln^{n-k} x \right] + C$$

After the initial term:

Something like successive derivatives, in terms of lnx ,with alternating sign multiplied by x

$$In = \int e^{r.x}.x^{n}.dx = e^{r.x}.\left[\sum_{k=0}^{n} (-1)^{k}.\frac{n!}{[n-k]!}.x^{n-k}.r^{-(k+1)} \right] + C$$

After the initial term:

Successive derivatives , in terms of x , with alternating sign

multiplied by $e^{r.x}$

$$\int e^{r.x}.x^{n}.dx = r^{-(n+1)}.\int e^{r.x}.(r.x)^{n}.d(r.x) = r^{-(n+1)}.\int e^{t}.t^{n}.dt$$

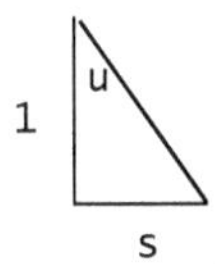

c=cosht=secu

s=sinht=tanu

$$e^{t} = \cosh t + \sinh t = \sec u + \tan u$$

$$t = \ln[\sec u + \tan u]$$

$$dt = \frac{\sec u.\tan u + \sec^{2} u}{\sec u + \tan u}.du = \sec u.du$$

$$\int e^{t}.t^{n}.dt = \int [\sec u+\tan u].\ln^{n}[\sec u+\tan u].\sec u.du \qquad =e^{t}$$

$$= \int \ln^{n}[\sec u+\tan u].d[\tan u+\sec u] \qquad [\sec u+\tan u]=\xi$$

$$= \int \ln^{n}\xi.d\xi = \xi.\Big[\ln^{n}\xi - n.\ln^{n-1}\xi + n.(n-1).\ln^{n-2}\xi - n.(n-1).(n-2).\ln^{n-3}\xi + n.(n-1).(n-2).(n-3).\ln^{n-4}\xi - n.(n-1).(n-2).(n-3).(n-4).\ln^{n-5}\xi + \ldots + (-1)^{n}.n!\Big] + C$$

Something like succesive derivatives with alternating sign

$$= e^{r.x}.\Big[(r.x)^{n} - n.(r.x)^{n-1} + \ldots + (-1)^{n}.n!\Big] + C$$

And: $In = \int e^{r.x}.x^{n}.dx =$

$$= e^{r.x}.\Big[x^{n}.r^{-1} - n.x^{n-1}.r^{-2} + n.(n-1).x^{n-2}.r^{-3} - \ldots + (-1)^{n}.n!.r^{-(n+1)}\Big] + C$$

Motivated by the method of undetermined coefficients

The solution of 2nd order linear differential equations with constant terms

2oLDECt	$u''(t)+p.u'(t)+q.u(t)=g(t)$	Solution
p,q constants		$u(t)=uh(t)+up(t)$

Cookbook formulas for uh(t): $uh''(t)+p.uh'(t)+q.uh(t)=0$

Characteristic equation: $s^2+p.s+q=0$

1. z1#z2 real	$[p^2-4q]>0$	$uh(t)=A.e^{z1.t}+B.e^{z2.t}$
2. z1=z2 real	$[p^2-4q]=0$	$uh(t)=A.e^{z.t}+B.t.e^{z.t}$
3. No real roots	$[p^2-4q]<0$	Valid also without the i in front of B.sin(k.t) ie for real uh(t)

$$uh(t) = e^{-[p/2].t}.[A.\cos(k.t) + i.B.\sin(k.t)] \qquad k=\sqrt{q-(p/2)^2}$$

2oLHDE of the type: $u''(t)+q.u(t)+\mu=0$

$$u(t) = A.\cos(k.t+\mu) + B.\sin(k.t+\mu) - \mu/k^2 \qquad k=\sqrt{q} \quad q>0$$

The method of undetermined coefficients as applied to up(t)

up(t) is the particular solution satisfying

$u'' + p.u' + q.u = M.t^n.e^{r.t}$	p,q,M constants	r real or complex Valid also for r=0

$C(r)=r^2+p.r+q \Rightarrow C'(r)=2.r+p \Rightarrow s(t)=Ao.t^n+A1.t^{n-1}+A2.t^{n-2}+..+An$

1st Case: $\underline{C(r)\#0 \Rightarrow up(t) = s(t).e^{r.t}} \Rightarrow C(r)=r^2+p.r+q$

$$[\, s''(t) + C'(r).s'(t) + C(r).s(t)\,].e^{r.t} = M.t^n.e^{r.t}$$

ie: $$s''(t) + C'(r).s'(t) + C(r).s(t) = M.t^n$$

2nd Case: $C(r)=0 \quad C'(r)\#0$ □ $up(t)=t.s(t).e^{r.t}$ □ $C(r)=r^{2}+p.r+q$

$$\left[\begin{array}{l} t.s''(t) + [C'(r).t + 2].s'(t) \\ \qquad + [\ C(r).t + C'(r)].s(t) \end{array}\right].e^{r.t} = M.t^{n}.e^{r.t}$$

ie: $t.s''(t) + [C'(r).t + 2].s'(t) + C'(r).s(t) = M.t^{n}$

3rd Case: $C(r)=0 \quad C'(r)=0$ □ $up(t)=t^{2}.s(t).e^{r.t}$ □ $C(r)=r^{2}+p.r+q$

$$\left[\begin{array}{l} t^{2}.s''(t) + [C'(r).t^{2} + 4.t].s'(t) \\ \qquad + [C(r).t^{2} + 2.C'(r).t + 2].s(t) \end{array}\right].e^{r.t} = M.t^{n}.e^{r.t}$$

r must be real

ie: $t^{2}.s''(t) + 4.t.s'(t) + 2.s(t) = M.t^{n}$

Superposition of solutions

$u'' + p.u' + q.u = f1(t) + f2(t)$

$up(t) = up1(t) + up2(t)$

Example: 1st case:

$u''(t) + u(t) = 3.t.\cos(2.t) = 3.t.e^{2.i.t}$ (r=2.i) Seeking for the real part

$C(r)=(r^{2}+p.r+q)=(-4+1)=-3$ □ $C'(r)=(2r+p)=4.i$ □ $s(t)=Ao.t+A1$

$4.i.Ao + (-3).(Ao.t+A1) = 3.t$ $Ao=-1$ □ $4.i.Ao-3.A1=0$ □ $A1=-(4/3).i$

$$up(t) = -\left[t + \frac{4}{3}.i\right].e^{2.i.t} = -\left[t + \frac{4}{3}.i\right].[\cos(2.t)+i.\sin(2.t)]$$

Seeking for the real part $= -t.\cos(2.t) + (4/3).\sin(2.t)$

For details concerning differential equations
See my book: Companion to integrals

http//mathhighways.blogspot.com/ *John Bredakis*

- **Laplace Transformation** and the relation of some transforms - to the gamma function Γ(x) and to the John Bredakis method

Laplace Transformation: $$\int_0^{+\infty} e^{-f(s).t}.f(t).dt = F(s) \qquad f(s)>0$$

In the simplest form f(s)=s s>0

f(t) is a continuous or piece wise continuous function

---

1. Given a f(t) to find the corresponding F(s)

or 2. Given a F(s) to find the corresponding f(t)

L[f(t)] = F(s) and L-1[F(s)] = f(t)

L-1[F(s)]=f(t) means that to a given F(s) corresponds one and only f(t) such that L[f(t)]=F(s)

The 1st shifting theorem

$$L[e^{-a.t}.f(t)] = F(s+a) \qquad\qquad L[e^{a.t}.f(t)] = F(s-a)$$

$$\int_0^{+\infty} e^{-s.t}.e^{-a.t}.t^n.dt = \frac{\Gamma(n+1)}{(s+a)^{n+1}} \qquad s>0 \quad a>0$$

$$\int_0^{+\infty} e^{-s.t}.e^{a.t}.t^n.dt = \frac{\Gamma(n+1)}{(s-a)^{n+1}} \qquad s>0 \quad (s-a)>0$$

The 2nd shifting theorem via the unit step function ua(t)

$$\underbrace{\int_a^{+\infty} e^{-s.t}.f(t).dt}_{La[f(t)]} = \int_a^{+\infty} e^{-s.(t+a)}.f(t+a).d(t+a)$$

By independence of notation

$$= e^{-a.s}.\int_0^{+\infty} e^{-s.t}.f(t+a).dt = e^{-a.s}.L[f(t+a)] \qquad s>0 \quad a>0$$

$$L[ua(t).f(t)] = La[f(t)] = e^{-a.s}.L[f(t+a)] = e^{-a.s}.F(s,a) \qquad s>0 \quad a>0$$

Corollary to the 2nd shifting theorem:

$$L[ua(t).f(t-a)] = La[f(t-a)] = e^{-a.s}.L[f(t)] = e^{-a.s}.F(s) \qquad s>0 \quad a>0$$

Instead of providing a table of inverse Laplace Transforms

- Lets focus on the examples below -

$$L^{-1}\left[\frac{n!}{s^{n+1}}\right] = t^{n} \qquad n!=\Gamma(n+1)$$

$$L^{-1}\left[\frac{n!}{(s-a)^{n+1}}\right] = t^{n}.e^{a.t}$$

$$\int_{0}^{+\infty} e^{-a.x}.\sin(b.x).dx = \frac{b}{a^2 + b^2} \qquad a>0$$

$$\int_{0}^{+\infty} e^{-a.x}.\cos(b.x).dx = \frac{a}{a^2 + b^2} \qquad a>0$$

$$\int_{0}^{+\infty} x.e^{-a.x}.\sin(b.x).dx=\frac{2.b.a}{(a^2 + b^2)^2} \qquad a>0$$

$$\int_{0}^{+\infty} x.e^{-a.x}.\cos(b.x).dx=\frac{a^2 - b^2}{(a^2 + b^2)^2} \qquad a>0$$

$$L^{-1}\left[\frac{b}{s^2 + b^2}\right] = \sin(b.t)$$

$$L^{-1}\left[\frac{s}{s^2 + b^2}\right] = \cos(b.t)$$

$$L^{-1}\left[\frac{b}{(s-a)^2 + b^2}\right]= e^{a.t}.\sin(b.t)$$

$$L^{-1}\left[\frac{(s-a)}{(s-a)^2 + b^2}\right] = e^{a.t}.\cos(b.t)$$

$$L^{-1}\left[\frac{b.s}{\left[s^2 + b^2\right]^2}\right]= \frac{1}{2}.t.\sin(b.t)$$

$$L^{-1}\left[\frac{s^2 - b^2}{\left[s^2 + b^2\right]^2}\right] = t.\cos(b.t)$$

$$L^{-1}\left[\frac{b}{s^2 - b^2}\right] = \sinh(b.t)$$

$$L^{-1}\left[\frac{s}{s^2 - b^2}\right] = \cosh(b.t)$$

- The story behind my method -

.After many many years of self education in higher mathematics I reached a satisfactory level in various fields of this science.

Integral calculus is my favourite topic

. At one time in the past I tried (without success) to find a method to provide cook book formulas for the integrals of:

$\int t^{n}.\cos(k.t).dt$ and $\int t^{n}.\sin(k.t).dt$ for high integer n.(n>2)

.Along this direction I tried the integral $\int e^{x}.x^{n}.dx$ and bingo.

My sound knowlegde of the the gamma function $\Gamma(x)$ verified my general formula at the improper form of this integral.

$$\int_{0}^{+\infty} e^{-t}.t^{x-1}.dt = 2.\int_{0}^{+\infty} e^{-t^{2}}.t^{2x-1}.dt = \int_{0}^{1} \left[\ln\left(\frac{1}{t}\right)\right]^{x-1}.dt = \Gamma(x)$$

$x \neq 0,-1,-2,etc$ $\quad x>0 \quad x>0$

And: $\quad n=0,1,2,3,...,n \quad n!=\Gamma(n+1)$

$$\underset{s>0}{\int_{0}^{+\infty} e^{-s.t}.t^{n}.dt} = 2.\underset{s>0}{\int_{0}^{+\infty} e^{-s.t^{2}}.t^{2n+1}.dt} = \underset{s>0}{\int_{0}^{1} t^{s-1}.\left[\ln\left(\frac{1}{t}\right)\right]^{n}.dt} = \frac{\Gamma(n+1)}{s^{n+1}}$$

.Studying the differential equations I came across the method of undetermined coefficients from the reference 9.

$r=(a+i.b)$

I applied this method to the integral $\int e^{r.x}.x^{n}.dx$ and bingo.

Again the verification came from the improper forms of Laplace Transformation.

- The joy of discovery cannot be described -

J.K.Bredakis MD

Summary of the gamma $\Gamma(x)$ and the beta $B(x,y)$ function

John Bredakis MD

$$\Gamma(x) = \int_0^{+\infty} e^{-t}.t^{x-1}.dt = \lim_{n\to+\infty} \frac{n!.n^{x}}{x.(x+1).(x+2).\ \ldots\ .(x+n)} \qquad x\neq 0,\ x\neq -1,\ x\neq -2\ \text{etc}$$

$$B(x,y) = \frac{\Gamma(x).\Gamma(y)}{\Gamma(x+y)} \qquad \boxed{x,y>0}$$

$$B(x,y) = \int_0^{1} (1-t)^{y-1}.t^{x-1}.dt = \int_0^{+\infty} \frac{u^{x-1}}{(1+u)^{x+y}}.du = 2.\int_0^{\pi/2} \sin^{2x-1}\theta.\cos^{2y-1}\theta.d\theta$$

Schematic representation of the gamma function $\Gamma(x)$

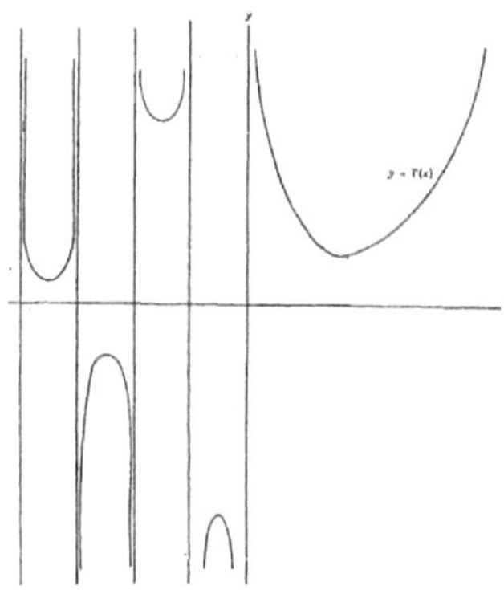

Main property: $x.\Gamma(x)=\Gamma(x+1)$

$$\int_0^{+\infty} e^{-t}.t^{x-1}.dt = \frac{1}{x}.\int_{t=0}^{t=+\infty} e^{-t}.dt^{x} = \frac{1}{x}.\left[\ e^{-t}.t^{x}\Big|_{t=0}^{t=+\infty} - \int_{t=0}^{t=+\infty} t^{x}.de^{-t}\ \right]$$

$$\int_0^{+\infty} e^{-t}.t^{x-1}.dt = \frac{1}{x}.\int_0^{+\infty} e^{-t}.t^{x}.dt \qquad \boxed{\textbf{ie:}} \qquad \Gamma(x) = \frac{1}{x}.\Gamma(x+1)$$

A summary of the gamma function $\Gamma(x)$

$$\Gamma(x) = \int_0^{+\infty} e^{-t}\cdot t^{x-1}\,dt = \lim_{n\to+\infty} \frac{n!\cdot n^x}{x\cdot(x+1)\cdot(x+2)\cdot\,\ldots\,\cdot(x+n)} \qquad x\neq 0,\ x\neq -1,\ x\neq -2 \text{ etc}$$

Main property: $x\cdot\Gamma(x)=\Gamma(x+1)$

$$\Gamma(x)=\frac{\Gamma(x+1)}{x}=\frac{\Gamma(x+2)}{x\cdot(x+1)}=\frac{\Gamma(x+3)}{x\cdot(x+1)\cdot(x+2)}\text{etc} \qquad \frac{\Gamma(x)}{\Gamma(n+x+1)}=\frac{1}{x\cdot(x+1)\cdot\ldots\cdot(x+n)}$$

$$\Gamma(n+1)=n! \qquad \Gamma\left(n+\frac{1}{2}\right)=\frac{(2n)!}{2^{2n}\cdot n!}\cdot\sqrt{\pi}=\frac{(2n)!}{2^n\cdot n!}\cdot\frac{1}{2^n}\cdot\sqrt{\pi}$$

$\Gamma(1)=0!=1 \quad \Gamma(2)=1!=1 \quad \Gamma(3)=2!=2 \quad \Gamma(4)=3!=6 \quad \Gamma(5)=4!=24$ etc

$$\Gamma\left(\frac{1}{2}\right)=\sqrt{\pi} \quad \Gamma\left(\frac{3}{2}\right)=\frac{1}{2}\cdot\sqrt{\pi} \quad \Gamma\left(\frac{5}{2}\right)=\frac{3}{2}\cdot\frac{1}{2}\cdot\sqrt{\pi} \quad \Gamma\left(\frac{7}{2}\right)=\frac{5}{2}\cdot\frac{3}{2}\cdot\frac{1}{2}\cdot\sqrt{\pi} \quad \Gamma\left(\frac{9}{2}\right)=\frac{7}{2}\cdot\frac{5}{2}\cdot\frac{3}{2}\cdot\frac{1}{2}\cdot\sqrt{\pi}\ \text{etc}$$

$$\int_0^{+\infty} e^{-s\cdot t}\cdot t^{x-1}\,dt = 2\cdot\int_0^{+\infty} e^{-s\cdot t^2}\cdot t^{2x-1}\,dt = \int_0^1 t^{s-1}\cdot\left[\ln\left(\frac{1}{t}\right)\right]^{x-1}dt=\frac{\Gamma(x)}{s^x}$$

$s>0$, $x\neq 0,-1,-2,$etc; $s>0$, $x>0$; $s>0$, $s\neq x$, $x>0$

Valid also for s=1

Legendre's dublication formula

$$\Gamma(2x)=\frac{1}{\sqrt{\pi}}\cdot 2^{2x-1}\cdot\Gamma(x)\cdot\Gamma\left(x+\frac{1}{2}\right) \qquad x>0$$

$$\Gamma(x)\cdot\Gamma(1-x)=\frac{\pi}{\sin(\pi\cdot x)} \qquad \Gamma(x)\cdot\Gamma(-x)=\frac{\pi}{-x\cdot\sin(\pi\cdot x)} \qquad \Gamma\left(\frac{1}{2}+x\right)\cdot\Gamma\left(\frac{1}{2}-x\right)=\frac{\pi}{\cos(\pi\cdot x)}$$

Denominator # 0

http//mathhighways.blogspot.com/ *John Bredakis*

Π stands for products

$$\frac{1}{\Gamma(x)} = \lim_{n\to+\infty} \frac{x.(x+1).(x+2)..(x+n)}{n!.n^{x}} = \frac{x . \prod_{n=1}^{+\infty}\left[1+\frac{x}{n}\right]}{n^{x}}$$

x#0,-1,-2,-3,-4 etc

$$= e^{\gamma.x} . x . \prod_{n=1}^{+\infty}\left[1+\frac{x}{n}\right].e^{-x/n}$$

$$e^{\gamma.x} = e^{\left[1+\frac{1}{2}+\frac{1}{3}+\frac{1}{4}+..+\frac{1}{n}-\ln n\right].x} = \frac{\prod_{n=1}^{+\infty}\left[e^{x/n}\right]}{n^{x}}$$

$n\to+\infty$

$$\gamma = \lim_{n\to+\infty}\left[1+\frac{1}{2}+\frac{1}{3}+..+\frac{1}{n}-\ln n\right] = 0.5777216 = \text{Euler's constant}$$

$$\ln\left[\frac{1}{\Gamma(x)}\right] = \gamma.x + \ln x + \sum_{n=1}^{+\infty}\ln\left[1+\frac{x}{n}\right] + \sum_{n=1}^{+\infty}\ln\left[e^{-x/n}\right]$$

$$\frac{d}{dx}\ln\left[\frac{1}{\Gamma(x)}\right] = -\frac{d}{dx}\ln\Gamma(x) = -\frac{\Gamma'(x)}{\Gamma(x)} = \gamma + \frac{1}{x} + \sum_{n=1}^{+\infty}\left[\frac{1}{n+x}\right] - \sum_{n=1}^{+\infty}\left[\frac{1}{n}\right]$$

$$\text{Or}\quad \frac{\Gamma'(x)}{\Gamma(x)} = \sum_{n=1}^{+\infty}\left[\frac{1}{n}-\frac{1}{n+x}\right] - \gamma - \frac{1}{x}$$

$$\frac{\Gamma'(k+1)}{\Gamma(k+1)} = 1+\frac{1}{2}+\frac{1}{3}+\frac{1}{4}+\frac{1}{5}+\frac{1}{6}+\frac{1}{7}+..+\frac{1}{k}-\gamma = \left[\phi(k)-\gamma\right]$$

k=a positive integer or zero $\qquad$ $\phi(0)=0$ by convention

$$\frac{\Gamma'(1)}{\Gamma(1)} = -\gamma \quad\Big|\quad \frac{\Gamma'(2)}{\Gamma(2)} = 1-\gamma \quad\Big|\quad \frac{\Gamma'(3)}{\Gamma(3)} = 1+\frac{1}{2}-\gamma \quad\Big|\quad \frac{\Gamma'(4)}{\Gamma(4)} = 1+\frac{1}{2}+\frac{1}{3}-\gamma$$

The proof that: $\Gamma(x) = \frac{\Gamma(x+1)}{x}$ and the proof of the formula of the gamma function $\Gamma(x)$ via the beta function $B(x,y)$

$$\int_0^{+\infty} e^{-t}.t^{x-1}.dt = \frac{1}{x}.\int_{t=0}^{t=+\infty} e^{-t}.t^{x}.dt = \frac{1}{x}.\left[e^{-t}.t^{x}\Big|_{t=0}^{t=+\infty} - \int_{t=0}^{t=+\infty} t^{x}.de^{-t} \right]$$

$$\int_0^{+\infty} e^{-t}.t^{x-1}.dt = \frac{1}{x}.\int_0^{+\infty} e^{-t}.t^{x}.dt \quad \boxed{\text{ie:}} \quad \Gamma(x) = \frac{1}{x}.\Gamma(x+1)$$

$$\Gamma(x) = \int_0^{+\infty} e^{-t}.t^{x-1}.dt = \lim_{n\to+\infty} \int_0^{+\infty} \left[1 - \frac{t}{n}\right]^{n}.t^{x-1}.dt$$

By independence of notation - Setting n.t instead of t

$$\Gamma(x) = \int_0^{+\infty} e^{-t}.t^{x-1}.dt = \lim_{n\to+\infty} \int_0^{+\infty} \left[1 - \frac{n.t}{n}\right]^{n}.\left[n.t\right]^{x-1}.d(n.t)$$

$$\Gamma(x) = \lim_{n\to+\infty} \int_0^{+\infty} (1-t)^{n}.\left[n^{x-1} \right].t.d(n.t) = \lim_{n\to+\infty} \left[n^{x}\right].\int_0^{1} (1-t)^{n}.t^{x-1}.dt$$

$$= \lim_{n\to+\infty} \left[n^{x} \right].\frac{\Gamma(n+1).\Gamma(x)}{\Gamma(n+x+1)}$$

x,y>0

$$B(x,y) = \frac{\Gamma(x).\Gamma(y)}{\Gamma(x+y)} = \int_0^{1} (1-t)^{y-1}.t^{x-1}.dt \quad \Bigg| \quad \frac{\Gamma(x)}{\Gamma(n+x+1)} = \frac{1}{x.(x+1).(x+2)..(x+n)}$$

Therefore:

$$\Gamma(x) = \int_0^{+\infty} e^{-t}.t^{x-1}.dt = \lim_{n\to+\infty} \frac{n!.n^{x}}{x.(x+1).(x+2).\ ..\ .(x+n)} \qquad \begin{matrix} x\#0 \\ x\#-1 \\ x\#-2 \\ \textbf{etc} \end{matrix}$$

Numerical table of $\Gamma(x)$

x	Γ(x)	x	Γ(x)	x	Γ(x)	x	Γ(x)
1.0	1.00000	1.25	0.90840	1.50	0.88623	1.75	0.91906
.01	0.99433	.26	0.90440	.51	0.88659	.76	0.92137
.02	0.98884	.27	0.90250	.52	0.88704	.77	0.92376
.03	0.98355	.28	0.90072	.53	0.88757	.78	0.92623
.04	0.97844	.29	0.89904	.54	0.88818	.79	0.92877
.05	0.97350	1.30	0.89747	1.55	0.88887	1.80	0.93138
.06	0.96874	.31	0.89600	.56	0.88964	.81	0.93408
.07	0.96415	.32	0.89600	.57	0.89049	.82	0.93685
.08	0.95973	.33	0.89464	.58	0.89142	.83	0.93969
.09	0.95546	.34	0.89222	.59	0.89243	.84	0.94261
1.10	0.95135	1.35	0.89115	1.60	0.89352	1.85	0.94561
.11	0.94740	.36	0.89018	.61	0.89468	.86	0.94869
.12	0.94359	.37	0.88931	.62	0.89592	.87	0.95184
.13	0.93993	.38	0.88854	.63	0.89724	.88	0.95507
.14	0.93642	.39	0.88785	.64	0.89864	.89	0.95838
1.15	0.93304	1.40	0.88726	1.65	0.90012	1.90	0.96177
.16	0.92980	.41	0.88676	.66	0.90167	.91	0.96523
.17	0.92670	.42	0.88636	.67	0.90330	.92	0.96877
.18	0.92373	.43	0.88604	.68	0.90500	.93	0.97240
.19	0.92089	.44	0.88581	.69	0.90678	.94	0.97610
1.20	0.91817	1.45	0.88566	1.70	0.90864	1.95	0.97988
.21	0.91558	.46	0.88560	.71	0.91057	.96	0.98374
.22	0.91311	.47	0.88563	.72	0.91258	.97	0.98768
.23	0.91075	.48	0.88575	.73	0.91467	.98	0.99171
.24	0.90852	.49	0.88595	.74	0.91683	.99	0.99581
						2.0	1.00000

Main property: $x.\Gamma(x)=\Gamma(x+1)$

Π stands for products

$$\frac{1}{\Gamma(x)} = \lim_{n\to+\infty} \frac{x.(x+1).(x+2)..(x+n)}{n!.n^{x}} = \frac{x \,.\, \prod_{n=1}^{+\infty}\left[1+\frac{x}{n}\right]}{n^{x}}$$

$x \neq 0,-1,-2,-3,-4$ etc

$$= e^{\gamma.x} \,.\, x \,.\, \prod_{n=1}^{+\infty}\left[1+\frac{x}{n}\right].e^{-x/n}$$

$$\gamma = \lim_{n\to+\infty}\left[1+\frac{1}{2}+\frac{1}{3}+..+\frac{1}{n}-\ln n\right] = 0.5777216 = \textbf{Euler's constant}$$

- Formula of B(x,y) and the Jacobian -

$$\Gamma(x) = \int_0^{+\infty} e^{-u}.u^{x-1}.du \qquad \Gamma(y) = \int_0^{+\infty} e^{-v}.v^{y-1}.dv$$

$$\Gamma(x).\Gamma(y) = \int_0^{+\infty} . \int_0^{+\infty} e^{-(u+v)}.u^{x-1}.v^{y-1}.du.dv$$

Setting $u=p^2$, $v=s^2$ and switching to polar coordinates

$$\Gamma(x).\Gamma(y) = 4 . \int_0^{+\infty} . \int_0^{+\infty} e^{-(p^2+s^2)}.p^{2x-1}.s^{2y-1}.dp.ds \qquad \begin{array}{l} p=\rho.\cos\theta \\ s=\rho.\sin\theta \end{array}$$

$$0 \leqslant \rho \leqslant +\infty \qquad 0 \leqslant \theta \leqslant \pi/2$$

$$= \Gamma(x).\Gamma(y) = 4 . \int_0^{\pi/2} . \int_0^{+\infty} e^{-\rho^2}.(\rho.\cos\theta)^{2x-1}.(\rho.\sin\theta)^{2y-1}.\rho.d\rho.d\theta$$

$$= \underbrace{\left[2 . \int_0^{+\infty} e^{-\rho^2}.\rho^{2.(x+y)-1}.d\rho\right]}_{\Gamma(x+y)} . \underbrace{\left[2 . \int_0^{\pi/2} \cos^{2x-1}\theta . \sin^{2y-1}\theta . d\theta\right]}_{B(x,y)}$$

$$= \Gamma(x+y).B(x,y)$$

$$B(x,y) = \frac{\Gamma(x).\Gamma(y)}{\Gamma(x+y)} \qquad x,y > 0$$

B(x,y)

$$= \int_0^1 (1-t)^{y-1}.t^{x-1}.dt = \int_0^{+\infty} \frac{u^{x-1}}{(1+u)^{x+y}}.du = 2. \int_0^{\pi/2} \sin^{2x-1}\theta.\cos^{2y-1}\theta.d\theta$$

Conversion from Rxy to Ruv domain - Derivation of the Jacobian

From x,y plane to u,v plane

In E2 (two dimensional space) any vector is a linear combination of two linearly independent vectors.
In this way x and y are functions of u,v x(u,v) , y(u,v)
and u and v are functions of x,y u(x,y) , v(x,y)

Element of surface area

Orthonormal old base e1,e2,e3 Normal new base ϵ1,ϵ2,ϵ3

$$\left|\vec{dx} \times \vec{dy}\right| = \left|\begin{vmatrix} e1 & e2 & e3 \\ dx & 0 & 0 \\ 0 & dy & 0 \end{vmatrix}\right| = |dx.dy| = \left|\begin{vmatrix} \epsilon1 & \epsilon2 & \epsilon3 \\ xu.du & xv.dv & 0 \\ yu.du & yv.dv & 0 \end{vmatrix}\right| = \left|\begin{vmatrix} xu & xv \\ yu & yv \end{vmatrix}.du.dv\right|$$

$$\left|\vec{du} \times \vec{dv}\right| = \left|\begin{vmatrix} \epsilon1 & \epsilon2 & \epsilon3 \\ du & 0 & 0 \\ 0 & dv & 0 \end{vmatrix}\right| = |du.dv| = \left|\begin{vmatrix} e1 & e2 & e3 \\ ux.dx & uy.dy & 0 \\ vx.dx & vy.dy & 0 \end{vmatrix}\right| = \left|\begin{vmatrix} ux & uy \\ vx & vy \end{vmatrix}.dx.dy\right|$$

To get rid of the absolute values consider the area of the domain in the first quadrad of the Cartessian coordinates, provided that the Jacobian (vi) is positive.

Therefore: The Jacobian

$$\iint_{Rxy} f(x,y).dx.dy = \iint_{Ruv} f[x(u,v),y(u,v)].\frac{)(x,y)}{)(u,v)}.du.dv \qquad \frac{d(x,y)}{d(u,v)} = \begin{vmatrix} xu & xv \\ yu & yv \end{vmatrix}$$

$$\frac{)(x,y)}{)(u,v)} = \frac{\partial(x,y)}{\partial(u,v)}$$

Applying those of the previous page

to the polar coordinates ρ=u and θ=v

$$\rho=\sqrt{x^2+y^2} \qquad \rho x=\frac{x}{\sqrt{x^2+y^2}} \quad \rho y=\frac{y}{\sqrt{x^2+y^2}} \qquad x=\rho.\cos\theta \qquad x\rho=\cos\theta \quad x\theta=-\rho.\sin\theta$$

$$\theta=\arctan\frac{y}{x} \qquad \theta x=\frac{-y}{x^2+y^2} \quad \theta y=\frac{x}{x^2+y^2} \qquad y=\rho.\sin\theta \qquad y\rho=\sin\theta \quad y\theta=\rho.\cos\theta$$

$$\underline{d\boldsymbol{\xi}=S^{-1}.d\mathbf{x}} \quad \begin{bmatrix} d\rho \\ d\theta \end{bmatrix}=\begin{bmatrix} \rho x & \rho y \\ \theta x & \theta y \end{bmatrix}.\begin{bmatrix} dx \\ dy \end{bmatrix} \qquad \underline{d\mathbf{x}=S.d\boldsymbol{\xi}} \quad \begin{bmatrix} dx \\ dy \end{bmatrix}=\begin{bmatrix} x\rho & x\theta \\ y\rho & y\theta \end{bmatrix}.\begin{bmatrix} d\rho \\ d\theta \end{bmatrix}$$

This is valid since: $\begin{vmatrix} x\rho & x\theta \\ y\rho & y\theta \end{vmatrix}.\begin{vmatrix} \rho x & \rho y \\ \theta x & \theta y \end{vmatrix} = \boldsymbol{\rho}.(1/\boldsymbol{\rho}) = 1$

The proof of the equivalent forms of the gamma function $\Gamma(x)$

The proof that:

$$\underset{x \neq 0,-1,-2,\text{etc}}{\int_0^{+\infty} e^{-t} \cdot t^{x-1} \cdot dt} = \underset{x>0}{2 \cdot \int_0^{+\infty} e^{-t^2} \cdot t^{2x-1} \cdot dt} = \underset{x>0}{\int_0^1 \left[\ln\left(\frac{1}{t}\right)\right]^{x-1} \cdot dt} = \Gamma(x)$$

$$\underset{x \neq 0,-1,-2,\text{etc}}{\int_0^{+\infty} e^{-t} \cdot t^{x-1} \cdot dt} = \underset{x>0}{\int_0^{+\infty} e^{-t^2} \cdot \left[t^2\right]^{x-1} \cdot dt^2} = \underset{x>0}{2 \cdot \int_0^{+\infty} e^{-t^2} \cdot t^{2x-1} \cdot dt}$$

$$L=\left[\ln\left(\frac{1}{t}\right)\right]=\ln t^{-1}=-\ln t \quad \square \quad \Gamma(x) = \int_0^{+\infty} e^{-t} \cdot t^{x-1} \cdot dt = \underset{x>0}{\int_0^{+\infty} e^{-L} \cdot L^{x-1} \cdot dL}$$

$$\Gamma(x) = -\int_1^0 t \cdot t^{-1} \cdot L^{x-1} \cdot dt = \int_0^1 \left[\ln\left(\frac{1}{t}\right)\right]^{x-1} \cdot dt \qquad \boxed{x>0}$$

By the same way: setting $\overset{s>0}{s.t}$ instead of t

$$\underbrace{\int_0^{+\infty} e^{-t} \cdot t^{x-1} \cdot dt}_{=\Gamma(x)} = \int_0^{+\infty} e^{-s.t} \cdot \left[s.t\right]^{x-1} \cdot d(s.t) = \underset{s>0}{s^x} \cdot \underset{s \neq x}{\int_0^{+\infty} e^{-s.t} \cdot t^{x-1} \cdot dt}$$

$$\underbrace{\int_0^1 \left[\ln\left(\frac{1}{t^s}\right)\right]^{x-1} \cdot dt^s}_{=\Gamma(x)} = \int_0^1 \left[s.-\ln t\right]^{x-1} \cdot dt^s = \underset{s>0}{s^x} \cdot \underset{s \neq x}{\int_0^1 t^{s-1}} \cdot \underset{x>0}{\left[\ln\left(\frac{1}{t}\right)\right]^{x-1} \cdot dt}$$

Therefore:

$$\underset{s>0 \;\; x \neq 0,-1,-2,\text{etc}}{\int_0^{+\infty} e^{-s.t} \cdot t^{x-1} \cdot dt} = \underset{s>0 \;\; x>0}{2 \cdot \int_0^{+\infty} e^{-s.t^2} \cdot t^{2x-1} \cdot dt} = \underset{s>0 \;\; s \neq x \;\; x>0}{\int_0^1 t^{s-1} \cdot \left[\ln\left(\frac{1}{t}\right)\right]^{x-1} \cdot dt} = \frac{\Gamma(x)}{s^x}$$

The proof of the equivalent forms of B(x,y)

$$B(x,y) = \frac{\Gamma(x).\Gamma(y)}{\Gamma(x+y)} \qquad \boxed{x,y>0}$$

$$B(x,y) = \int_0^1 (1-t)^{y-1}.t^{x-1}.dt = \int_0^{+\infty} \frac{u^{x-1}}{(1+u)^{x+y}}.du = 2.\int_0^{\pi/2} \sin^{2x-1}\theta.\cos^{2y-1}\theta.d\theta$$

$$\int_0^{+\infty} \frac{\xi^{x-1}}{(1+\xi)^{x+y}}.d\xi = 2.\int_0^{+\infty} \frac{(t^2)^{x-1}}{(1+t^2)^{x+y}}.t.dt$$

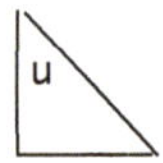

$\sqrt{1+t^2} = \sec u$

$t = \tan u$

$$= 2.\int_0^{\pi/2} \sin^{2x-2}u.\sec^{2x-2}u.\cos^{2x+2y}u.\underbrace{\sin u.\sec u}_{=t}.\underbrace{\sec^2 u.du}_{=dt}$$

$$= 2.\int_0^{\pi/2} \sin^{2x-1}u.\cos^{2y-1}u.du = \boxed{I}$$

$$\int_0^1 (1-\xi)^{y-1}.\xi^{x-1}.d\xi = 2.\int_0^1 (1-t^2)^{y-1}.(t^2)^{x-1}.t.dt$$

$$= 2.\int_0^1 (\cos^2 u)^{y-1}.(\sin^2 u)^{x-1}.\sin u.d\sin u$$

$$\boxed{I} = 2.\int_0^{\pi/2} (\cos^2 u)^{y-1}.(\sin^2 u)^{x-1}.\sin u.\cos u.du$$

Formulas and remarks related to the gamma function $\Gamma(x)$

Derived by Wallis product formula

$$\sqrt{\pi} = \Gamma(1/2) = \lim_{n \to +\infty} \frac{(2^n . n!)^2}{(2n)!} . \frac{1}{\sqrt{n}}$$

The rules for the factorials

All 2n factorials $= 1.2.3. \ldots .(2n-1).2n = (2n)!$

1. Even factorials $= 2.4.6. \ldots .(2n-2).2n = 2^n . n!$

2. Odd factorials $= 1.3.5. \ldots .(2n-3).(2n-1) = \dfrac{(2n)!}{2^n . n!}$

3. Ratio of odd factorials up to 2n-1 by even factorials up to 2n $= \dfrac{(2n)!}{(2^n . n!)^2}$

4. Ratio of odd factorials up to 2n-3 by even factorials up to 2n $= \dfrac{(2n)!}{(2^n . n!)^2} . \dfrac{1}{(2n-1)}$

Π stands for products

$$\frac{\sin x}{x} = \prod_{k=1}^{+\infty} \left[1 - \frac{x^2}{\pi^2 . k^2}\right] \qquad \cos x = \prod_{k=0}^{+\infty} \left[1 - \frac{x^2}{\pi^2 . \left[k + \frac{1}{2}\right]^2}\right]$$

$$\frac{\sin(\pi . x)}{\pi . x} = \prod_{k=1}^{+\infty} \left[1 - \frac{x^2}{k^2}\right] \qquad \cos(\pi . x) = \prod_{k=0}^{+\infty} \left[1 - \frac{x^2}{\left[k + \frac{1}{2}\right]^2}\right]$$

Legendre's dublication formula	$\Gamma(2x) = \frac{1}{\sqrt{\pi}} \cdot 2^{2x-1} \cdot \Gamma(x) \cdot \Gamma\left(x+\frac{1}{2}\right) \Big|_{x>0}$

The proof:

$$\frac{1}{2^{2x-1}} = \frac{B(x,x)}{B(x,1/2)} = \frac{\Gamma(x)\cdot\Gamma(x)/\Gamma(2x)}{\Gamma(x)\cdot\Gamma(1/2)/\Gamma(x+1/2)} = \frac{\Gamma(x)\cdot\Gamma(x+1/2)}{\Gamma(2x)\cdot\Gamma(1/2)} \qquad \boxed{x>0}$$

$$B(x,x) = 2\cdot\int_0^{\pi/2} \sin^{2x-1} u \cdot \cos^{2x-1} u \, du = 2^{1-2x} \cdot \int_0^{\pi} \sin^{2x-1}(2u) \, d(2u) = \frac{1}{2^{2x-1}} \cdot B(x,1/2)$$

$$\Gamma(1/2) = \sqrt{\pi}$$

$$B(x,1/2) = 2\cdot\int_0^{\pi/2} \sin^{2x-1} u \cdot \cos^{2x-1} u \Big|_{x=1/2} \, du = \int_0^{\pi} \sin^{2x-1} u \, du$$

$$\int_0^{\pi} \sin^{2x-1}\theta \cdot d\theta = \int_0^{\pi/2} \sin^{2x-1}\theta \cdot d\theta + \int_{\pi/2}^{\pi} \sin^{2x-1}\theta \cdot d\theta$$

By independence of notation

$$\int_{\pi/2}^{\pi} \sin^{2x-1}\theta \cdot d\theta = \int_{\pi/2}^{\pi} \sin^{2x-1}\left(\theta + \frac{\pi}{2}\right) \cdot d\left(\theta + \frac{\pi}{2}\right)$$

$$= \int_0^{\pi/2} \sin^{2x-1}\left(\theta + \frac{\pi}{2}\right) \cdot d\theta$$

$$\frac{1}{2}\cdot B\left(\frac{1}{2},x\right) = \int_0^{\pi/2} \cos^{2x-1}\theta \cdot d\theta = \int_0^{\pi/2} \left[\sin\theta\cdot\cos\frac{\pi}{2} + \cos\theta\cdot\sin\frac{\pi}{2}\right]^{2x-1} \cdot d\theta$$

The proof that: $\Gamma(x).\Gamma(1-x) = \dfrac{\pi}{\sin(\pi.x)}$ Denominator # 0

Setting instead of x the x+(1/2)

$$\Gamma\left(\frac{1}{2} + x\right).\Gamma\left(\frac{1}{2} - x\right) = \frac{\pi}{\cos(\pi.x)}$$ Denominator # 0

Π stands for products

$$\frac{\sin x}{x} = \prod_{k=1}^{+\infty}\left[1 - \frac{x^2}{\pi^2.k^2}\right] \qquad \cos x = \prod_{k=0}^{+\infty}\left[1 - \frac{x^2}{\pi^2.\left[k + \frac{1}{2}\right]^2}\right]$$

$$\frac{\sin(\pi.x)}{\pi.x} = \prod_{k=1}^{+\infty}\left[1 - \frac{x^2}{k^2}\right] \qquad \cos(\pi.x) = \prod_{k=0}^{+\infty}\left[1 - \frac{x^2}{\left[k + \frac{1}{2}\right]^2}\right]$$

$$\Gamma(x) = \lim_{n \to +\infty} \frac{n!.n^x}{x.(x+1). \ldots .(x+n)} \qquad \Gamma(1-x) = \lim_{n \to +\infty} \frac{n!.n^y}{y.(y+1). \ldots .(y+n)}, \quad y=(1-x)$$

$$\Gamma(x).\Gamma(1-x) = \lim_{n \to +\infty} \frac{(n!)^2.n}{x.(1^2 - x^2).(2^2 - x^2). \ldots .(n^2 - x^2).(n+1-x)}$$

$$\Gamma(x).\Gamma(1-x) = \lim_{n \to +\infty} \frac{1}{x . \prod_{k=1}^{+\infty}\left[1 - \frac{x^2}{k^2}\right]} = \frac{1}{x . \frac{\sin(\pi.x)}{\pi.x}} = \frac{\pi}{\sin(\pi.x)}$$

The Wallis product formula:

As $n\to+\infty$ $\left(n+\frac{1}{2}\right).\Gamma^2\left(n+\frac{1}{2}\right)=\Gamma^2(n+1)$ $\boxed{\Rightarrow}$ $\frac{\pi}{2}=\lim\limits_{n\to+\infty}\frac{[2^n.n!]^4}{[(2n)!]^2.(2n+1)}$

Corollary: $\sqrt{\pi}=\Gamma\left(\frac{1}{2}\right)=\lim\limits_{n\to+\infty}\frac{(2^n.n!)^2}{(2n)!}.\frac{1}{\sqrt{n}}$

Wallis derived the formulas of K,L,M by the following trigonometric reduction formula

$$\int\sin^n\theta.d\theta=-\frac{\cos\theta.\sin^{n-1}\theta}{n}+\frac{n-1}{n}.\int\sin^{n-2}\theta.d\theta \qquad \mathbf{n\geq 2}$$

In the interval of integration of K,L,M

- Only the even powers of sinθ carry the π -

$\int_0^{\pi/2}\sin^{2n-1}\theta.d\theta=\frac{1}{2}.\frac{\Gamma(n).\Gamma(1/2)}{\Gamma(n+1/2)}=K$	$\Gamma(n)=\frac{n!}{n}$	$\Gamma\left(n+\frac{1}{2}\right)=\frac{(2n)!}{2^{2n}.n!}.\sqrt{\pi}$
$\int_0^{\pi/2}\sin^{2n}\theta.d\theta=\frac{1}{2}.\frac{\Gamma(n+1/2).\Gamma(1/2)}{\Gamma(n+1)}=L$	$\Gamma(n+1)=n!$	$\Gamma\left(\frac{1}{2}\right)=\sqrt{\pi}$
$\int_0^{\pi/2}\sin^{2n+1}\theta.d\theta=\frac{1}{2}.\frac{\Gamma(n+1).\Gamma(1/2)}{\Gamma(n+3/2)}=M$	$\Gamma(n+3/2)=\left(n+\frac{1}{2}\right).\Gamma\left(n+\frac{1}{2}\right)$	

As $n\to+\infty$ and to the limit: $\frac{M}{K}=\frac{2n}{2n+1}=1$

Since $0<\sin\theta<1$ for $0<\theta<\pi/2$

$\sin^{2n-1}\theta>\sin^{2n}\theta>\sin^{2n+1}\theta$ ie: $\boxed{0<M<L<K}$

Inequalities of integrand functions implies inequalities of integrals over the same interval of integration

(but not vice versa)

As $n\to+\infty$ and to the limit: $L=M\Rightarrow\left(n+\frac{1}{2}\right).\Gamma^2\left(n+\frac{1}{2}\right)=\Gamma^2(n+1)$

The proof that: $\Gamma(1) = 0! = 1$ and that $\Gamma(1/2) = \sqrt{\pi}$

$$\Gamma(x) = \int_0^{+\infty} e^{-t}.t^{x-1}.dt = \lim_{n \to +\infty} \frac{n!.n^x}{x.(x+1).(x+2).\ \ldots\ .(x+n)} \qquad \begin{matrix} x \neq 0 \\ x \neq -1 \\ x \neq -2 \\ \text{etc} \end{matrix}$$

$$\Gamma(1) = \lim_{n \to +\infty} \frac{n!.n}{1.2.3\ .\ (1+n)} = \lim_{n \to +\infty} \frac{n!.n}{(n+1)!} = \lim_{n \to +\infty} \frac{n}{n+1} = 1 = 0!$$

$$\Gamma\left(\frac{1}{2}\right) = \lim_{n \to +\infty} \frac{\sqrt{n}}{\frac{1}{2}.\frac{\left[\frac{1}{2}+1\right]}{1}.\frac{\left[\frac{1}{2}+2\right]}{2}.\frac{\left[\frac{1}{2}+3\right]}{3}.\ \ldots\ .\frac{\left[\frac{1}{2}+n\right]}{n}}$$

$$\Gamma\left(\frac{1}{2}\right) = \lim_{n \to +\infty} \frac{\sqrt{n}}{\frac{1}{2}.\left[\frac{3}{2}\right].\left[\frac{5}{4}\right].\left[\frac{7}{6}\right].\left[\frac{9}{8}\right].\ \ldots\ .\left[\frac{2n+1}{2n}\right]}$$

$$\Gamma\left(\frac{1}{2}\right) = \lim_{n \to +\infty} \frac{2\ .\ 4\ .\ 6\ .\ 8\ .\ \ldots\ldots\ .\ 2n}{3\ .\ 5\ .\ 7\ .\ 9\ .\ \ldots\ .(2n-1)} . \frac{2.\sqrt{n}}{2n+1}$$

$$\Gamma\left(\frac{1}{2}\right) = \lim_{n \to +\infty} \frac{(2^n.n!)^2}{(2n)!} . \frac{2.\sqrt{n}}{2n+1} = \lim_{n \to +\infty} \frac{(2^n.n!)^2}{(2n)!} . \frac{1}{\sqrt{n}} = \sqrt{\pi}$$

The Wallis product formula

The Wallis product formula:

As $n \to +\infty$ $\left(n+\frac{1}{2}\right).\Gamma^2\left(n+\frac{1}{2}\right) = \Gamma^2(n+1)$ $\boxed{\Rightarrow}$ $\frac{\pi}{2} = \lim_{n \to +\infty} \frac{[2^n.n!]^4}{[(2n)!]^2.(2n+1)}$

Contribution of the gamma function $\Gamma(x)$ to the normal distribution

$\int_{0}^{+\infty} e^{-s.t^2}.dt=\frac{\Gamma(1/2)}{2.s^{1/2}}$, $s>0$	$\int_{0}^{+\infty} e^{-s.t^2}.t.dt=\frac{\Gamma(1)}{2.s}$, $s>0$	$\int_{0}^{+\infty} e^{-s.t^2}.t^2.dt=\frac{\Gamma(3/2)}{2.s^{3/2}}$, $s>0$

Even **Odd** **Even**

Integrand functions $\Gamma(3/2)=(1/2).\Gamma(1/2)$

$\int_{-\infty}^{+\infty} \sqrt{\frac{s}{\pi}}.e^{-s.t^2}.dt=1$, $s>0$	$\int_{-\infty}^{+\infty} \sqrt{\frac{s}{\pi}}.e^{-s.t^2}.t.dt=0$, $s>0$	$\int_{-\infty}^{+\infty} \sqrt{\frac{s}{\pi}}.e^{-s.t^2}.t^2.dt=\frac{1}{2.s}$, $s>0$

Setting instead of $\sqrt{s}$ **the** $\frac{1}{\sigma.\sqrt{2}}$ **and** $(x-xo)$ **instead of** t **we get:** $\sigma>0$

Total probability	Mathematical expectation	Variance
$\int_{-\infty}^{+\infty} \phi(x).dx = 1$	$\int_{-\infty}^{+\infty} \phi(x).x.dx = xo$	$\int_{-\infty}^{+\infty} \phi(x).(x-xo)^2.dx=\sigma^2$

$\phi(t) = \frac{1}{\sigma.\sqrt{2\pi}}.e^{-\frac{1}{2}.\left(\frac{t}{\sigma}\right)^2}$	$\phi(x) = \frac{1}{\sigma.\sqrt{2\pi}}.e^{-\frac{1}{2}.\left(\frac{x-xo}{\sigma}\right)^2}$ **By shifting of axis t**

Non Conditional Probability

Random Variable $X=\{xn\}$ - **Random Numbers** $\{xn\}=\{x1,x2,..,xn\}$

$\Phi(x)$=**Probability distribution**

$\phi(x)$=**Probability density**

$$P(a\leq X<b)=\Phi(x)\Big|_a^b=\int_a^b \phi(x).dx$$

- The integral is replaced by the sum for discrete random variables
- The $\Phi(x)$ for continuous random variables is the area under the probability density function $\phi(x)$.
- We can start with values of X within the range of reality or from $-\infty$ to $+\infty$ considering the $\phi(x)$ outside the range of reality as zero.

Applications of the beta function $B(x,y)$

$$B(x,y) = \frac{\Gamma(x).\Gamma(y)}{\Gamma(x+y)} \qquad \boxed{x,y>0}$$

$$B(x,y) = \int_0^1 (1-t)^{y-1}.t^{x-1}.dt = \int_0^{+\infty} \frac{u^{x-1}}{(1+u)^{x+y}}.du = 2.\int_0^{\pi/2} \sin^{2x-1}\theta.\cos^{2y-1}\theta.d\theta$$

k=a positive integer ■ $x^k = t \Rightarrow t^z = x$ ■ $z=(1/k)$

$$\int_0^{+\infty} \frac{dx}{1+x^k} = \int_0^{+\infty} \frac{dt^{1/k}}{1+t} = \frac{1}{k}.\int_0^{+\infty} \frac{t^{z-1}}{1+t}.dt \quad z=(1/k) \quad = \frac{1}{k}.\frac{\Gamma(z).\Gamma(1-z)}{\Gamma(1)} = \frac{1}{k}.\frac{\pi}{\sin(\pi.z)}$$

$$\int_0^{+\infty} \frac{dx}{1+x^4} = \frac{1}{4}.\int_0^{+\infty} \frac{t^{z-1}}{1+t}.dt \quad z=(1/4) \quad = \frac{1}{4}.\frac{\Gamma(1/4).\Gamma(3/4)}{\Gamma(1)} = \frac{1}{4}.\pi.\sqrt{2}$$

$$\int_0^1 \frac{dx}{\sqrt{1-x^k}} = \frac{1}{k}.\int_0^1 (1-t)^{-(1/2)}.t^{z-1}.dt \quad \boxed{z=(1/k)} \quad = \frac{1}{k}.\frac{\Gamma(1/2).\Gamma(z)}{\Gamma(\frac{1}{k}+\frac{1}{2})}$$

$$\int_0^1 \frac{dx}{\sqrt{1-x^3}} = \frac{1}{3}.\int_0^1 (1-t)^{-(1/2)}.t^{z-1}.dt \quad \boxed{z=(1/3)} \quad = \frac{1}{3}.\frac{\Gamma(1/2).\Gamma(1/3)}{\Gamma(\frac{1}{3}+\frac{1}{2})}$$

$$\int_0^1 t^m.(1-t)^n.dt = B(m+1,n+1) = \frac{\Gamma(m+1).\Gamma(n+1)}{\Gamma(m+n+2)} = \frac{m!.n!}{(m+n+1)!}$$

$$\int_0^{\pi} \sin^{2x-1}\theta.d\theta = 2.\int_0^{\pi/2} \sin^{2x-1}\theta.d\theta = B(x,\tfrac{1}{2}) = \frac{\Gamma(x).\Gamma(1/2)}{\Gamma(x+1/2)} \qquad \boxed{x>0}$$

- All the properties of the trigonometric functions -
can be derived by the relation

$$e^{i.p} = [\cos p + i.\sin p]$$

$$e^{i.p} = e^{\xi} = 1 + \xi + \frac{\xi^2}{2!} + \frac{\xi^3}{3!} + \frac{\xi^4}{4!} + \frac{\xi^5}{5!} + \ldots$$

Convergent infinite series for any real p (! Factorial)

$$= [1 - p^2/2! + p^4/4! - \ldots] + i.[p - p^3/3! + p^5/5! - \ldots]$$

$$= \text{---------}\cos p\text{--------} + i.\ \text{---------}\sin p\text{---------}$$

Even powers-Even function **Odd powers-Odd function**

Even: f(x)=f(-x) Odd: f(x)=-f(-x)

$$e^{i.p}.e^{-i.p} = 1 = [\cos p + i.\sin p].[\cos p - i.\sin p] = [\cos^2 p + \sin^2 p]$$

$$e^{i.(p+q)} = [\cos(p+q) + i.\sin(p+q)]$$

$$e^{i.p}.e^{i.q} = [\cos p + i.\sin p].[\cos q + i.\sin q]$$

$$i^2 = -1$$

$\cos(p+q) = [\cos p.\cos q - \sin p.\sin q]$ Real part

$\sin(p+q) = [\sin p.\cos q + \cos p.\sin q]$ Imaginary part without the i in front

- The mighty importance of the gamma function $\Gamma(x)$ -

$$\Gamma(x) = \int_0^{+\infty} e^{-t}.t^{x-1}.dt = \lim_{n\to+\infty} \frac{n!.n^x}{x.(x+1).(x+2).\,..\,.(x+n)} \qquad x\neq 0,\ x\neq -1,\ x\neq -2\ \text{etc}$$

The beta function $B(x,y)$

$$B(x,y) = \frac{\Gamma(x).\Gamma(y)}{\Gamma(x+y)} \qquad \boxed{x,y>0}$$

$$B(x,y) = \int_0^1 (1-t)^{y-1}.t^{x-1}.dt = \int_0^{+\infty} \frac{u^{x-1}}{(1+u)^{x+y}}.du = 2.\int_0^{\pi/2} \sin^{2x-1}\theta.\cos^{2y-1}\theta.d\theta$$

The solutions of Bessel's equation

$$x.\frac{d}{dx}\left[x.\frac{dy}{dx}\right]+(b^2.x^2-p^2).y=0 \quad \boxed{\text{Or}} \quad x^2.y''+x.y'+(b^2.x^2-p^2).y=0$$

$0\le x<+\infty$ — p=any positive real number — b=constant$\neq 0$

Or $p=n$ (n=a positive integer or zero)

- Looking at the graphs of those solutions is like facing -
a different kind of trigonometry

Fourier's series and integral for classical trigonometry	**Bessel**: Expansion in orthogonal functions. Complete set of those functions

And for both the Dirac's heretic isosceles triangle is applied

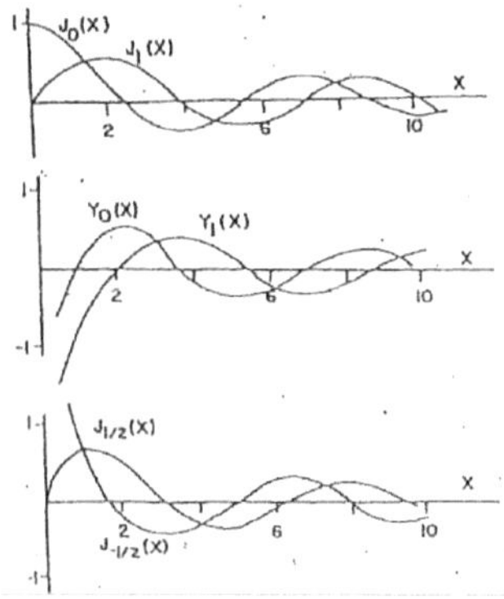

$$J_n(b.x) = \sum_{k=0}^{+\infty} \frac{(-1)^k}{k!}.\frac{\left[\frac{b.x}{2}\right]^{n+2k}}{\Gamma(k+n+1)}$$

To the memory of my uncle Fotis
A medical doctor
and great teacher of mathematics

The following is related to the derivation of Yn(bx)

$$\frac{d}{dx}\left[\frac{1}{\Gamma(0+)}\right]=0! \quad \Big| \quad \frac{d}{dx}\left[\frac{1}{\Gamma(-1+)}\right]=-1! \quad \Big| \quad \frac{d}{dx}\left[\frac{1}{\Gamma(-2+)}\right]=2! \quad \Big| \quad \frac{d}{dx}\left[\frac{1}{\Gamma(-3+)}\right]=-3! \text{ etc}$$

A topic of higher mathematics at a very advanced level

- An overview just to get the idea -

A second order linear homogeneous differential equation with variable coefficients - A 2oLHDEvc

Bessel's equation in general and Bessel's equation for integers

$$x.\frac{d}{dx}\left[x.\frac{dy}{dx}\right]+(b^2.x^2-p^2).y=0 \quad \boxed{\text{Or}} \quad x^2.y''+x.y'+(b^2.x^2-p^2).y=0$$

$0\backslash< x <+\infty$ p=any positive real number b=constant#0

Or p=n (n=a positive integer or zero)

1st linearly independent solution	2nd linearly indep/nt solution
$Jp(bx) = \sum_{k=0}^{+\infty} \frac{(-1)^k}{k!}.\frac{\left[\frac{b.x}{2}\right]^{p+2k}}{\Gamma(p+k+1)}$	$J\text{-}p(bx)= \sum_{k=0}^{+\infty} \frac{(-1)^k}{k!}.\frac{\left[\frac{b.x}{2}\right]^{-p+2k}}{\Gamma(-p+k+1)}$

Special forms:

$$J_{\frac{1}{2}}(bx) = \sqrt{\frac{2}{\pi.b.x}}.\sin(b.x) \qquad J_{-\frac{1}{2}}(bx) = \sqrt{\frac{2}{\pi.b.x}}.\cos(b.x)$$

p=n $Jn(bx) = (-1)^n.J\text{-}n(bx)$ **Linearly dependent**

The 2nd linearly independent solution Yn(bx) for integers

Invented by Frobenius

n even

$$Y_n(bx)=\frac{d}{dn}\left[\frac{\cos(n.\pi).J_n(bx)-J_{-n}(bx)}{\sin(n.\pi)}\right]=\frac{1}{\pi}.\left[\frac{dJ_n(bx)}{dn}-\frac{dJ_{-n}(bx)}{dn}\right]$$

n odd

$$Y_n(bx)=\frac{d}{dn}\left[\frac{\cos(n.\pi).J_n(bx)-J_{-n}(bx)}{\sin(n.\pi)}\right]=\frac{1}{\pi}.\left[\frac{dJ_n(bx)}{dn}+\frac{dJ_{-n}(bx)}{dn}\right]$$

Hence the formula: $Y_n(bx)=\frac{1}{\pi}.\left[\frac{dJ_n(bx)}{dn}-(-1)^n.\frac{dJ_{-n}(bx)}{dn}\right]$

$$Y_n(bx)=\frac{2}{\pi}.\left[\begin{array}{l}\left[\ln\left(\frac{b.x}{2}\right)+\gamma\right].J_n(bx)\\ -\frac{1}{2}.\sum_{k=0}^{n-1}\frac{(n-k-1)!}{k!}.\left[\frac{b.x}{2}\right]^{2k-n}\\ -\frac{1}{2}.\sum_{k=0}^{+\infty}\frac{(-1)^k.\left[\frac{b.x}{2}\right]^{2k+n}}{k!.(k+n)!}.[\phi(k)+\phi(k+n)]\end{array}\right]$$

$\phi(k)=\left[1+\frac{1}{2}+..+\frac{1}{k}\right]$ $\phi(0)=0$ By convention γ=**Euler's constant**=0.5777216..

http//mathhighways.blogspot.com/ John Bredakis

The full proof of the classical Bessel's equation

As an epilogue

Even though I am self educated in higher mathematics, by the meraki inspired to me by my uncle Fotis (a medical doctor) , I went deep into the various fields of higher mathematics.

Μεράκι means to love something very much,trying to perfect it. The desire and willpower to do so is very strong,overcoming a lot of effort , difficulties , and personal sacrifices.

The topics covered in my books were thoroughly understood , before written down in paper.

My ultimate goal is for somebody,who is really fond of mathematics,to grasp so many informations and details in a relatively short time period , something that took me many years.

Contrary to the common belief the topic of integral calculus is open to further improovement.

The John Bredakis method is along this direction

Also my observation that right angle triangles can in many cases bypass the inverse functions,is again in this direction

I dedicate this paper:

to my wife Sofia and my children Maria and Costas
and to the sacred memory of my parents and uncle Fotis.

J.K.Bredakis MD

References:

1. **Higher Mathematics for beginners:**
by Ya.B.Zeldovich
(Mir Publishers Moscow 1973)

2. **Calculus with analytic geometry:**
by Harley Flanders and Justin J Price
(Academic Press 1978)

3. **A brief course of higher mathematics:**
by V.A.Kudryavtsev and B.P.Demidovich
(Mir Publisher's Moscow 1980)

4. **Concice Encyclopedia of Mathematics:**
by W.Gellert,H.Kustner,M Hellwich,H Kastner
(Van Nostrand Reinhold Company New York and other cities 1977)

5. **Computational Mathematics:**
by B.P Demitovich and I.A.Maron
(Mir publishers Moscow 1976)

6. **Advanced calculus:**
by Leopold Flatto
(The Wiiliams and Wilkins Company - Baltimore 1982)

7. **Mathematics Handbook for Science and Engineering:**
^
by: Royal Lennart Rade and Bertil Westegren
Fifth edition - 2004
Springer Verlag Publications Inc
Berlin - Heidelberg - New York

8. **Mathematical methods for physicists and engineers:**
by: Royal Eugene Collins - 2nd corrected edition
Dover Publications Inc - Mineola New York - USA 1991

9. **Differential Equations:**
A systems approach - by: Jack Goldberg - and Merle C.Potter
Prentice Hall International Editions
Upper Saddle River , NJ - USA - 1998

- And a lot of personal work -